普通高等教育"十三五"规划教材

放矿理论与应用

毛市龙　明建　编著

U0315483

北京

冶金工业出版社

2019

内 容 提 要

　　本书在详细介绍散体介质的物理属性、力学性质和在放矿中应用的基础上，重点论述了散体矿岩在重力作用下流动的规律和相互间的作用机理，诠释了放矿椭球体理论及其特点，介绍了有底部结构定点放矿和端部移动式放矿过程中矿岩移动规律和放出体形态特征，以及振动放矿的一些理论与技术，同时，对散体放矿试验研究基本原理和研究方法做了详细介绍。

　　本书为矿业工程专业本科生教材，也可供从事矿山设计、研究以及现场生产的工程技术人员参考。

图书在版编目(CIP)数据

　　放矿理论与应用/毛市龙，明建编著. —北京：冶金工业出版社，2019.7
　　普通高等教育"十三五"规划教材
　　ISBN 978-7-5024-8128-5

　　Ⅰ.①放… Ⅱ.①毛… ②明… Ⅲ.①放矿理论—高等学校—教材 Ⅳ.①TD801

　　中国版本图书馆 CIP 数据核字（2019）第 107776 号

出 版 人　谭学余
地　　　址　北京市东城区嵩祝院北巷 39 号　邮编　100009　电话　(010)64027926
网　　　址　www.cnmip.com.cn　电子信箱　yjcbs@cnmip.com.cn
责任编辑　张耀辉　宋　良　美术编辑　郑小利　版式设计　孙跃红　禹　蕊
责任校对　李　娜　责任印制　李玉山
ISBN 978-7-5024-8128-5
冶金工业出版社出版发行；各地新华书店经销；三河市双峰印刷装订有限公司印刷
2019 年 7 月第 1 版，2019 年 7 月第 1 次印刷
787mm×1092mm　1/16；11 印张；268 千字；168 页
28.00 元

冶金工业出版社　投稿电话　(010)64027932　投稿信箱　tougao@cnmip.com.cn
冶金工业出版社营销中心　电话　(010)64044283　传真　(010)64027893
冶金工业出版社天猫旗舰店　yjgycbs.tmall.com
（本书如有印装质量问题，本社营销中心负责退换）

前　　言

本书是为高等学校采矿工程专业学生学习掌握地下矿床开采技术而编写的教材。

放矿理论是地下金属矿床开采技术的基础，也是进行地下采场结构参数设计和现场放矿生产管理的主要理论依据，学习掌握这一理论，对采矿工程专业学生十分必要。

本书以散体力学理论为基础，对地下矿山采场放矿过程中矿岩的重力流动特性和扰动特性进行了系统论述。众所周知，散体的力学特性十分复杂，既具有固体材料特性，又具有流体材料特性，采场放矿正是利用了松散矿岩能在重力作用下发生流动的特性来实现的。但不同的放矿结构和放矿方式，使散体矿岩的流动形态、移动速度和运动轨迹存在较大的差异。本书在详细介绍散体介质的物理属性、力学性质和放矿介质特征的基础上，对散体矿岩的重力流动规律、椭球体形成机理及不同放矿方式下放出体形态特征进行论述，系统分析了放矿过程中矿石贫化和损失形成的原因和过程，并结合现场放矿实践，对改善散体矿岩流动效果、提高放矿效率的振动放矿技术做了介绍。同时，对散体放矿试验研究的一些方法做了详细的介绍。书中内容对学习掌握地下采矿学的知识具有重要作用。

本书由北京科技大学毛市龙和明建编写，全书由明建统稿。在编写过程中，引用了许多专家、学者和矿山现场工程人员的重要研究成果。编者的同事高永涛、吴爱祥、胡乃联、纪洪广、李长洪、宋卫东、王金安、王洪江、李克庆、金爱兵、孙金海、吕文生等老师，以及秦皇岛冶金设计院张永达、中国恩菲工程技术有限公司陈小伟、长沙有色冶金设计研究院有限公司余一松，提供了多种帮助，在此深表谢意！

本书的编写和出版，得到了北京科技大学教材建设经费的资助。

由于作者水平所限，书中不足之处，诚请读者批评指正。

毛市龙　明建

2019 年 4 月

目　录

1　绪论 ……………………………………………………………………… 1

1.1　放矿研究方法 ……………………………………………………… 2
1.2　放矿力学应用发展 ………………………………………………… 2

2　散体的物理力学性质 ………………………………………………… 4

2.1　散体的基本物理力学性质 ………………………………………… 4
2.1.1　散体密度 …………………………………………………… 4
2.1.2　散体的结构 ………………………………………………… 5
2.1.3　散体的孔隙率、孔隙比和压实度 ……………………… 5
2.1.4　散体的松散性 ……………………………………………… 6
2.1.5　散体的湿度及含水性质 …………………………………… 7
2.1.6　散体的块度 ………………………………………………… 8
2.1.7　散体颗粒的粒径、级配和分类 ………………………… 9
2.1.8　散体的自然安息角 ……………………………………… 10
2.1.9　散体的内外摩擦角及黏聚力 …………………………… 14
2.2　散体的力学性质 …………………………………………………… 17
2.2.1　散体的抗剪强度 ………………………………………… 18
2.2.2　散体的变形特征 ………………………………………… 20
2.2.3　散体介质应力极限平衡理论 …………………………… 21
2.2.4　散体介质的侧压力及侧压系数 ………………………… 27
习题与思考题 …………………………………………………………… 29

3　底部单一漏斗放矿矿岩移动规律 ………………………………… 31

3.1　椭球体放矿理论的基本概念 …………………………………… 31
3.1.1　单一漏斗放矿矿岩移动规律及形态 …………………… 31
3.1.2　放出椭球体 ……………………………………………… 32
3.1.3　松动椭球体 ……………………………………………… 42
3.1.4　等速椭球体 ……………………………………………… 47
3.2　崩落矿岩的运动规律 …………………………………………… 49
3.2.1　松动带内颗粒下降速度 ………………………………… 49
3.2.2　松动带内颗粒运动轨迹 ………………………………… 52
3.2.3　放出漏斗 ………………………………………………… 53

习题与思考题 ··· 56

4　多漏斗底部结构放矿 ·· 57

4.1　相邻漏斗放矿时矿岩运动规律 ·································· 57
4.1.1　相邻漏斗的相互关系 ··· 57
4.1.2　极限高度 h_{jx} ··· 60
4.1.3　贫化开始高度 h_1 ·· 61
4.1.4　漏斗间矿损脊峰高度 h_{zd} ··································· 62
4.1.5　松动椭球体的偏斜与一份放出量 ························· 63
4.1.6　最优的放矿方式 ·· 64
4.2　有底柱崩落法出矿结构的初步选择 ···························· 65
4.2.1　放矿漏斗口直径的确定 ······································ 65
4.2.2　斗井口位置的确定原则及改进 ····························· 66
4.3　有底部结构放矿损失与贫化计算 ······························· 68
4.3.1　基本概念 ·· 68
4.3.2　矿石混入过程 ··· 68
4.3.3　体积岩石混入率与质量岩石混入率 ······················ 69
4.4　底部放矿损失贫化控制 ··· 70
4.4.1　矿石损失贫化的形式 ··· 70
4.4.2　贫化前下盘矿石残留数量估算方法 ······················ 71
4.4.3　下盘切岩采准 ··· 73
4.4.4　在下盘岩石中布置出矿漏斗 ································· 74
4.4.5　降低矿石贫化的技术措施 ···································· 76
4.5　有底柱崩落法放矿管理 ··· 78
4.5.1　出矿巷道基本形式 ·· 78
4.5.2　放矿方式 ·· 79
4.6　矿山实例 ··· 81
4.6.1　胡家峪铜矿的有底柱分段崩落法 ·························· 81
4.6.2　黑木林铁矿的有底柱分段崩落采矿法 ···················· 82
4.6.3　会理镍矿水平中深孔阶段强制崩落法 ···················· 83
习题与思考题 ··· 85

5　端部放矿中崩落矿岩运动规律 ······································· 86

5.1　概述 ··· 86
5.2　端壁对放出体形的影响 ··· 86
5.3　流动带形状 ·· 89
5.3.1　回采进路的布置 ·· 89
5.3.2　分段高度 ·· 90
5.3.3　回采巷道间距 ··· 91

　　5.3.4　崩矿步距和放矿步距 ·· 91
　　5.3.5　端壁倾角 ··· 91
　　5.3.6　回采进路断面的形状及规格 ··· 92
　　5.3.7　铲取方式及铲取深度 ·· 93
5.4　矿石贫化和损失与放矿管理 ·· 95
5.5　无底柱分段崩落法进路间残留矿量的回收 ··· 96
5.6　矿山实例 ··· 97
　　5.6.1　梅山铁矿无底柱分段崩落采矿法 ··· 97
　　5.6.2　北洺河铁矿高分段无底柱分段崩落法 ····································· 99
　　5.6.3　镜铁山铁矿高分段无底柱分段崩落采矿法 ····························· 100
习题与思考题 ··· 102

6　散体振动放矿机理 ··· 103

6.1　概述 ·· 103
6.2　振动散体的流动性规律 ··· 104
　　6.2.1　振动放矿机理 ·· 104
　　6.2.2　受振散体的流动特性 ·· 104
　　6.2.3　振动对放出体积的影响 ··· 105
　　6.2.4　振动场内连续矿流的形成 ··· 107
6.3　振动放矿技术 ·· 110
　　6.3.1　振动出矿结构参数确定 ··· 110
　　6.3.2　振动出（给）矿机的结构 ··· 115
习题与思考题 ··· 118

7　放矿研究方法 ··· 119

7.1　概述 ·· 119
7.2　物理模拟实验法 ··· 119
　　7.2.1　物理模拟放矿模型 ··· 119
　　7.2.2　物理模拟放矿实验的相似条件 ··· 120
　　7.2.3　物理模拟放矿实验设计 ··· 129
　　7.2.4　物理模拟实验步骤及工艺 ··· 131
7.3　放矿数学分析计算法 ··· 136
　　7.3.1　数学分析计算 ·· 136
　　7.3.2　模型数学描述 ·· 137
7.4　数值模拟放矿实验法 ··· 142
　　7.4.1　颗粒流程序主要功能和应用范围 ·· 142
　　7.4.2　颗粒流程序的基本原理 ··· 143
　　7.4.3　颗粒流程序建模方法 ·· 148
　　7.4.4　颗粒流程序PFC的组成与常用菜单 ·· 150

　　7.4.5　颗粒流程序 PFC 的常用命令 ··· 152

　　7.4.6　放矿过程模拟应用实例 ··· 157

　7.5　现场实验研究法 ··· 162

　　7.5.1　放出体直接实验法 ··· 162

　　7.5.2　放出体间接实验法 ··· 166

习题与思考题 ··· 166

参考文献 ··· 168

1 绪 论

本章学习要点：（1）放矿学的研究内容和应用意义；（2）散体介质的基本物理和力学性质；（3）散体力学的基本概念。

本章关键词： 密度、松散性、孔隙度、压实度、湿度、块度、自然安息角、外摩擦角、内摩擦角、黏聚力、应力极限平衡理论。

地下采场中矿石的移动主要有两种方式，一种是靠机械搬运，一种是靠重力流动。对于倾角大的矿体，一般采用重力流动放矿的方式将矿石装入矿车运出采场。重力放矿具有省力、安全、效率高、成本低等优点，被广泛应用于空场法和崩落法采场中，尤其是采用崩落法回采的矿山。崩落的矿岩主要靠自身重力发生流动到达放矿出口，然后装入矿车或进入溜井。因为重力放矿方式简单高效，被无底柱分段崩落法和带有底部结构的分段崩落法、阶段崩落法与自然崩落法广泛采用。崩落采矿法在我国地下金属矿山中占有较大比例，其中黑色金属矿山用崩落法采出的矿石量占地下采出矿石总量的85%以上，有色金属矿山约占35%，化工矿山也有大量使用。

重力放矿是崩落采矿法的基本特征之一，崩落的矿石与上覆的废石直接接触，在采用覆岩下放矿过程中，废石与矿石多处接触，会发生矿岩混合掺杂，容易造成矿石的贫化和损失，在此种条件下放矿（即覆岩下放矿），如果生产组织不好，就会使矿石的损失贫化增大，浪费资源，恶化技术经济指标。国内外对崩落法放矿进行过大量的研究工作，形成了较为完整的放矿理论体系和严格现场放矿管理制度，出版了大量放矿专著和论文。

崩落法放矿理论主要研究采场内散体或似散体矿岩的移动规律，揭示矿石损失贫化的发生过程，进而优化崩落采矿方案，确定合理的结构参数，改进放矿管理，以实现降低矿石的贫化损失和提高企业经济效益的目的。

崩落法放矿理论于20世纪50年代初步形成理论体系。随着以无底柱分段崩落法为代表的崩落采矿法的推广应用，许多国内研究机构和矿山企业对覆岩下放矿规律进行了长期大量研究，取得了丰富的研究成果，并应用于矿山的设计和生产实践中。我国的放矿理论研究和应用已达到了世界先进水平。

崩落法放矿理论的实质是散体重力流动理论，其代表理论有椭球体放矿理论、随机介质放矿理论和计算机模拟放矿。椭球体放矿理论建立最早，应用也最为广泛。该理论是以实验室大量放矿实验数据得出的近似椭球放出体为基础，建立以椭球方程为放出体的数学模型，然后根据放出体的基本性质，求解得出一系列用于表述各种规律性现象的方程式。大量现场实验证明，椭球体理论基本与现场放矿体形态相吻合，基本满足设计与生产的需要。

1.1　放矿研究方法

放矿的对象复杂，移动过程又不可视，并受到众多因素影响，其研究难度较大，目前主要的研究方法有如下几种：

（1）理论分析法。理论分析是借助数学与力学理论解释放出体的形成机理及几何形态，描述其运动轨迹的研究方法。散体力学理论和重力放矿规律是指导放矿研究的理论基础，以此建立起来的椭球体放矿理论、近椭球体放矿理论、期望体放矿理论、槽型放矿理论可用于分析和解释矿岩的移动规律和贫化损失机理。该方法的应用为科学解释放矿体形成、发展的动态变化提供了理论支持。

（2）物理相似模拟法。物理相似模拟法运用相似材料模拟原理，利用相似材料建立相似物理模型开展放矿研究，是目前研究手段之一，具有直观、定量和可重复的特点，虽仿真度较低，但相似材料模拟得出的结论完全遵循放矿规律，其优选结论可作为采场结构参数优化设计和贫化损失预测的重要依据，许多矿山在采矿设计和放矿管理中都采用过这种研究方法。

（3）现场实验法。现场实验法以现场采场作为研究对象，通过在矿岩中有规律地布置测点，安放标记颗粒，爆破落矿后，在放矿过程中，回收标记颗粒，再将回收的标记颗粒时间和出矿量大小复原绘制出放出体形态图，并计算相应回收率和贫化率，找出放出体移动规律。其方法仿真度和可信度高，但工作量大，可重复性差，实验条件差别大，标记颗粒回收困难；所得结论受现场条件影响较大，其规律性较差，目前应用较少。

（4）数值模拟方法。该方法是利用数学模型，采用数值分析的方法，来模拟放矿过程，比较方案优劣，预测回采指标。该方法具有简单、快速、定量和多方案比较等优点，是目前放矿研究的重要手段之一。其缺点是仿真度低，参数选取困难，所得结果与实际偏差较大，有待软件适用性能的提高。

（5）综合判断法。将前面几种研究方法综合运用，再结合现场生产出矿现象和数据统计分析，相互印证比较，从而得出具有实际应用价值的结论及规律。

1.2　放矿力学应用发展

散体放矿学的研究目的就是提高矿石的回收率，减少矿石的贫化率，最大限度地降低采矿成本。在放矿理论的应用方面，国内地下矿山在设计和生产中，根据放矿理论不断优化采场结构参数，合理制定放矿管理制度，并进行了大量实验和推广应用工作。创新提出的低贫化放矿、组合截止品位放矿和大结构参数放矿理论被广泛应用于实际生产中，收到明显的放矿效果，大大降低了矿石贫化率，提高了回收率，各项采矿技术经济指标得到明显改善。如大结构参数理论的应用，使无底柱分段崩落法的分段高度进路间距由 10m×10m 提高到 20m×20m，采准比降为 1/3 左右，采矿效率明显提高，采矿成本显著降低。

在放矿理论指导下，大规模自然崩落法在我国也得到成功应用，如山西铜矿峪铜矿、云南普朗铜矿等，在采矿成本和采矿强度方面都占有极大优势，为低品位矿石的高强度、低成本开采提供了重要的技术支持。

　　本书结合地下采矿学的教学，对崩落采矿法的理论基础进行专题讲授，目的是让学生掌握放矿的理论与研究方法，为采场结构参数和放矿制度设计提供理论指导。主要内容以椭球体放矿理论为主线，着重论述散体矿岩放矿流动规律及应用，同时也对其他放矿理论及研究方法做了简要介绍。

2 散体的物理力学性质

本章学习要点：（1）放矿学的研究内容和应用意义；（2）散体介质的基本物理和力学性质；（3）散体力学的基本概念。

本章关键词：密度、松散性、孔隙度、压实度、湿度、块度、自然安息角、外摩擦角、内摩擦角、黏聚力、应力极限平衡理论。

散体是由彼此不相联系或弱连接的固体颗粒共同组成的集合体。如呈颗粒状的粮食、碎裂的矿岩、松散的土体、堆积砂石、粉化物质等。根据介质的松散度的大小、含水率的高低和是否存在黏性物质，又可分为理想散体和非理想散体两种。当介质中不含有水分和黏结性物质，且松散度较大时，称为理想散体；当介质中含有水分和黏结性物质，颗粒之间具有一定的黏聚力时，称为非理想散体。例如含泥的松散矿岩、土、泥砂、压实的堆积体及其他粉状体材料，都是非理想散体。实际矿山还存在着矿岩爆破崩落不充分、未有经过充分松动的似散体。放矿学研究的主要是由矿岩、砂和土体组成的复杂散体介质。

散体不同于节理原岩体和土体，它的主要特征是松散性、复杂性和易变性，完整的岩土体和与散体虽然都是由颗粒和孔隙所组成，但前者具有很强的黏结力，可以划归为连续介质范畴；而散体强度低、空隙大、不连续，且具有流动性，力学性质更为复杂，属于不连续体。另外，散体根据涉及的工程领域有不同的术语概念，如对采场中的崩落矿石，散体是采矿的对象矿产资源；修建房屋、桥梁、道路、堤坝作为基础的散体，用来支承构筑物传递的载荷，称为地基；位于隧道、涵洞和地下建筑物周围的散体，是一种载荷；而用于筑堤、堆坝和铺轨道砟等土工构筑物的散体，是一种建筑材料。所以散体材料是固体材料的集合体，是能在重力作用下移动的流体。采场放矿正是利用散体固有的力学特性来实现的，研究掌握散体的物理力学特性具有重要意义。

2.1 散体的基本物理力学性质

2.1.1 散体密度

单位体积的散体质量称为散体密度，即

$$\rho_s = \frac{m_s}{V_s} \tag{2-1}$$

式中 ρ_s ——散体密度，kg/m^3；

m_s ——散体质量，kg；

V_s ——散体体积，m^3。

根据堆积条件的不同，散体密度通常可分为动力压实堆积密度和自由堆积密度，两者之比为压实系数，即

$$K_s = \frac{\rho_m}{\rho_d} \qquad (2-2)$$

式中　K_s ——压实系数；

　　　ρ_d ——自由堆积密度，kg/m^3；

　　　ρ_m ——动力压实堆积密度，kg/m^3。

2.1.2　散体的结构

散体的结构是指散体颗粒和孔隙的空间相互排列，以及颗粒间的联结特征的综合。使用显微镜才能观察到的散体结构称为微观结构；能够用肉眼或一般放大镜观察到的散体结构称为宏观结构，如层理、裂隙、大孔隙、颗粒等。散体的结构，按照颗粒的排列及联结情况可分为以下三种：

（1）单粒结构。它是碎石土和砂土的结构特征。其特征是颗粒间没有联结力或联结非常微弱，可以省略不计。按照颗粒的相互排列，单粒结构可分为疏松的和紧密的。在静荷载作用下，特别是在振动荷载作用下，疏松的单粒结构将会趋于紧密。单粒结构的紧密程度取决于矿物成分、颗粒形状、均匀程度、沉积条件等。片状矿物组成的砂土最为疏松；浑圆的颗粒组成的砂土较带有棱角的颗粒组成的砂土紧密；颗粒越不均匀，结构越紧密；急速沉积的散体结构较缓慢沉积的散体结构疏松。

（2）蜂窝状结构。散体颗粒或聚粒以边-边、边-面方式互相联结在一起，形成蜂窝状结构（或称为细胞状结构，或称为絮凝结构），它使散体具有细胞孔隙性、黏聚性、弹性，这些性质与散体的强度和变形有着密切的关系。

（3）聚粒结构。干散体颗粒以面-面方式聚合在一起，形成较大的叠片状集合体。

当外界条件，如荷载条件、温度条件或介质条件发生变化时，散体结构都会随之而改变。散体失水干缩时，会使颗粒间的联结增强。散体在外力作用下（压力或剪力）蜂窝状结构会趋于平行排列的定向结构，散体的强度和压缩性也随之发生变化。

2.1.3　散体的孔隙率、孔隙比和压实度

散体的孔隙率是指散体介质在松散状态下颗粒间的孔隙体积与总体积之比，即

$$n = \frac{V_s - V_z}{V_s} \times 100\% \qquad (2-3)$$

式中　n ——散体的孔隙率，%；

　　　V_s ——散体的总体积，m^3；

　　　V_z ——散体的固体颗粒的体积，m^3。

散体的孔隙性还可以用孔隙比来表示。孔隙比是指散体在松散状态下孔隙体积和固体颗粒的体积之比，即

$$e = \frac{V_s - V_z}{V_z} \times 100\% \qquad (2-4)$$

式中 e ——散体的孔隙比,%。

散体的孔隙率和孔隙比之间有如下关系:

$$n = \frac{e}{1 + e} \quad 或 \quad e = \frac{n}{1 + n}$$

散体的一个重要特征为颗粒间具有较多的孔隙。根据散体结构特点的不同,它的孔隙率也不同。带棱角不规则形状的散体孔隙率较大,圆滑形状规则的散体孔隙率较小;单粒结构的孔隙率较大,絮凝结构和聚粒结构的孔隙率较小。

对于散体仅用它的孔隙率和孔隙比来表示其结构密度还不够,因为孔隙比虽然相同,但由于散体的颗粒级配和形状不同,其性质也不相同,因而还需要知道散体的压实度(相对结构密度),以便了解散体在自然状态或经压实后的松散和压实情况及结构的稳固性。

散体的压实度是指散体受外力作用而被压实的程度。通常把散体压实后的体积与原松散状态下总体积之比称为散体的压实度,即

$$K_{ys} = \frac{V_{ys}}{V_s} \tag{2-5}$$

式中 K_{ys} ——散体的压实度;

V_{ys} ——散体压实后的体积,m^3。

$$K_{ys} = \frac{e_{max} - e}{e_{max} - e_{min}} \tag{2-6}$$

式中 e_{max} ——散体自由充分松散状态下的孔隙比,%;

e_{min} ——散体已经完全压实状态下的孔隙比,%;

e ——散体自然状态或某种压实状态下的孔隙比,%。

2.1.4 散体的松散性

散体经过破碎以后,其体积比原体积增大的性质称为松散性,是散体的宏观特性。散体的体积与原整体状态下的体积之比,称为松散系数。其表达式为:

$$K_s = \frac{V_k}{V_t} \tag{2-7}$$

式中 K_s ——松散系数;

V_k ——散体的体积,m^3;

V_t ——原整体状态下的体积,m^3。

散体的压实度与松散系数之间存在着以下关系:

$$K_{ys} = \frac{K_y}{K_s} \tag{2-8}$$

式中 K_y ——散体压实后的松散系数;

K_s ——散体的松散系数。

松散系数可分为一次松散系数、二次松散系数及极限松散系数,分述如下。

2.1.4.1 一次松散系数

把崩落的散体产生的碎胀称为一次松散;把碎胀后的散体体积与原来整体矿石体积之

比称为一次松散系数。采场爆破时，虽然产生巨大的爆破动载荷，但由于补偿空间的制约，使被爆矿石仍然得不到自由松散。根据不同条件，一次松散系数有下述三种：

（1）深孔崩矿时，在有自由补偿空间条件下，一次松散系数为 1.25~1.32；

（2）垂直深孔崩矿时，在挤压崩矿条件下，一次松散系数为 1.15~1.25；

（3）药室崩矿时，在挤压崩矿条件下，一次松散系数为 1.12~1.14。

2.1.4.2　二次松散系数和极限松散系数

散体经过一次松散后，由于不断地进行放矿，因此采场散体必然产生二次松散，其表达式为：

$$K_e = \frac{V_c - V_e}{V_e} + 1 = \frac{V_c}{V_e} \tag{2-9}$$

式中　　K_e——二次松散系数；

　　　　V_e——二次松散前的体积，m^3；

　　　　V_c——二次松散后的体积，m^3。

生产实践证明，凿岩爆破参数和散体条件不变的情况下，松散系数为一常数，通常称为极限松散系数，其值等于一次松散系数与二次松散系数之积，即

$$K_j = K_s K_e \tag{2-10}$$

式中　　K_j——极限松散系数；

　　　　K_s——一次松散系数。

2.1.5　散体的湿度及含水性质

散体的湿度，是指一定量的散体介质中所含水分的百分比。通常是用散体中所含水分质量与干燥的散体质量比值来表示，即含水率：

$$M = \frac{m_s - m_g}{m_g} \times 100 \quad \% \tag{2-11}$$

式中　　M——散体的湿度即含水率，%；

　　　　m_s——散体在自然湿度状态下的质量，kg；

　　　　m_g——散体在干燥状态下的质量，kg。

采矿生产过程中，松散矿岩的湿度是影响放矿条件的重要物理参数之一。湿度小于 4%~7% 的矿岩块具有良好的松散性和流动性，此条件下可以获得较好的放矿效果；而含黏土的松散矿石易于自行结块，在放矿中形成空洞和管状放出体，恶化放矿条件，造成放矿困难。散体中水与固体颗粒之间并不是机械地混合，而是有机地参加散体的结构，对散体的性状产生巨大的影响。散体性质的变化不完全与散体的湿度变化成正比，而是一种复杂的物理-化学变化。散体的性质不仅取决于水的绝对含量，而且取决于水的形态、结构及介质的物理条件和化学成分。水具有介电常数高、表面张力小、压缩性低等特点，尤其是水分子是一个极性分子，氢原子端显示正电荷。因此，它在电场作用下具有定向排列的特性。同时，它极易与被溶解的物质（阳离子）结合成水化离子。

由于散体的颗粒表面通常带有负电荷，因此水在带电的固体介质之间受到表面电荷电场的作用。根据受静电引力作用的强弱，散体中的水可划分为强结合水、弱结合水、毛细

水和自由水四种类型。

在一些粉状或黄土含量高的采场矿放矿中，当矿岩中含水率过高时，放矿散体就会液化变为流体，形成泥石流，对放矿作业造成危害。

2.1.6　散体的块度

在采矿中，散体的块度是指松散矿岩块的尺寸和各级矿岩块所组成的百分比。

在目前地下采场崩矿条件下，崩落的松散矿石总是由各种不同尺寸的矿石块组成。在生产实际中，根据产品和采场工艺本身的要求，松散矿石的块度不能过大和过于粉碎，必须对块度上下限有一定的限制。如对大块应规定允许的最大块度，当超过这种规定的块度尺寸称为不合格大块。松散矿石中所包含大块的百分比称为大块产出率。把大块破为小块，称为二次破碎。采场矿石块度的大小、形状和级配以及大块率高低，对矿岩放矿流动性、放出强度和矿石损失贫化都有重大的影响，必须进行研究。

2.1.6.1　单个矿岩块的几何参数

通常是用矿岩块的尺寸和形状来表示单个矿岩块的几何参数。

A　矿岩块的尺寸

矿岩块可以用线性尺寸、面积和体积等单位来表示。但在采矿上一般用线性尺寸来表示。

松散矿岩块可用 3 个方向相互垂直的最大尺寸来量度，所量得的最大尺寸为矿岩块的长度（a），中间的为宽度（b），最小的为厚度（c），这 3 个尺寸是外接该矿岩块的平行六面体各对应边的尺寸。如图 2-1 所示。

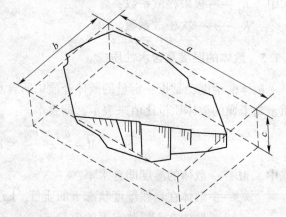

图 2-1　矿岩块的尺寸测量

在实际工作中，往往需要用一个数字来表示矿岩块的尺寸，通常是利用矿岩块的直径来表示松散矿岩块的尺寸。矿岩块的直径可用以下方法来表示：

$$d_{dk} = b \qquad (2\text{-}12)$$

$$d_{dk} = \frac{a + b + c}{3} \qquad (2\text{-}13)$$

$$d_{dk} = \sqrt[3]{a \cdot b \cdot c} \qquad (2\text{-}14)$$

式中　d_{dk}——单个矿岩块的平均直径，m；

　　a，b，c——单个矿岩块的长、宽、厚，m。

当矿岩块的长与宽相接近时，可用式（2-12）来表示矿岩块的直径；当矿岩块的长与宽相差较大时，可用式（2-13）来计算矿岩块的直径；为了较精确起见，可用式（2-14）来计算矿岩块的直径。当松散颗粒筛分时，某种颗粒恰好只能通过某一种筛孔径，一般把这种筛孔的直径作为颗粒的直径。

B　矿岩块的形状

矿岩块的形状特征可以用 3 个方向相互垂直的矿岩块尺寸比来表示：

$$长：宽：厚 = a : b : c \tag{2-15}$$

为了使各种矿岩块的形状具有可比性，不应当用矿岩块的绝对尺寸比，而是应当用以矿岩块的宽度为一个单位的相对尺寸比来表示。这就是矿岩块的形状的数值特征。

$$\frac{a}{b} : 1 : \frac{c}{b} \tag{2-16}$$

根据矿岩块的长宽比和厚宽比，可以确定矿岩块的形状，见表2-1。

表 2-1　岩块形状区分

矿岩块形状	长宽比	厚宽比
立方体	$a = (1 \sim 1.3)b$	$c = (0.7 \sim 1)b$
柱状体	$a \geqslant 1.3b$	$c = (0.7 \sim 1)b$
板状体	$a = (1 \sim 1.3)b$	$c = (0.3 \sim 0.7)b$
长板状体	$a > 1.3b$	$c = (0.3 \sim 0.7)b$
片状体	$a = (1 \sim 1.3)b$	$c < 0.3b$
长片状体	$a > 1.3b$	$c < 0.3b$

在实际工作中，为了表示矿岩块的形状特征，有时还用矿岩块尺寸的相差系数(K_x)，即矿岩块的最大尺寸（长度）和最小尺寸（厚度）的比来表示：

$$K_x = \frac{a}{c} \tag{2-17}$$

正立方体$K_x = 1$，实际的矿岩块往往是$K_x > 1$，而以长板状和长片状的K_x最大。

2.1.6.2　松散矿岩的块度组成

根据矿岩的构造、物理力学性质和凿岩爆破参数等，爆破下来的松散矿岩是由各种不同尺寸矿岩组成的集合体。在这个集合体中，不同块度级别的矿岩重量占其总重量的百分比，称为块度组成。

块度的分级。根据矿石产品、采矿工艺、爆破效果的评价、生产和科学实验研究等的要求，通常把松散矿岩的矿岩块按尺寸大小分成不同的块度等级，在生产实验中和评价爆破效果时，可分为大、中、小三级；对放矿实验研究，根据实验要求，分为三至七级。

每一级的块度常常是用级内最小和最大块的尺寸来表示；或者用级内块的平均尺寸——块的平均直径来表示。松散矿岩体所有各级块度也可用块的平均直径来表示。

矿岩块的平均直径，可用式（2-18）计算：

$$d_p = \frac{d_{max} - d_{min}}{2} \tag{2-18}$$

式中　d_p——某一级内或松散矿岩体的矿岩块的平均直径，m；

　　　d_{max}——某一级内最大的矿岩块的直径，m；

　　　d_{min}——某一级内最小的矿岩块的直径，m。

2.1.7　散体颗粒的粒径、级配和分类

2.1.7.1　散体颗粒的粒径

散体颗粒的粒径使用筛分时颗粒所在粒级的上下筛孔尺寸来表示。根据颗粒大小分为

若干个粒组，如砾、砂粒、粉粒和黏粒。粒组的划分分界线没有严格的定义。常用的散体颗粒划分界线标准见表2-2。

表 2-2   散体颗粒的划分界线标准

散体颗粒名称		粒径范围/mm
漂石或块石颗粒		>200
卵石或碎石颗粒		200~20
圆砾或角砾颗粒	粗	20~10
	中	10~5
	细	5~2
砂粒	粗	2~0.5
	中	0.5~0.25
	细	0.25~0.10
	极细	0.10~0.05
粉粒	粗	0.05~0.01
	细	0.01~0.005
黏　粒		<0.005

2.1.7.2 颗粒级配和分类

颗粒级配或颗粒组成是指以占试样总质量的百分数表示的各种粒径颗粒的相对含量。散体的颗粒组成是用不同孔径的筛子对试样进行筛分来确定。把试样分成粒级，每一粒级包括该级最小尺寸和最大尺寸之间的全部颗粒。粒级的级别由通过和留住该粒径级筛子的筛孔尺寸来决定。在级配分析中，常用通过该筛孔尺寸的颗粒占试样总质量的百分率（过筛质量分数）来绘制颗粒组成曲线或级配组成曲线，如图2-2所示。图中，横坐标和纵坐标分别为筛孔尺寸和过筛质量分数。在散体的粒径级配分析中，通常将尺寸从最大值 a_{max} 到 $0.8a_{max}$ 之间的颗粒总和称为最大颗粒级。

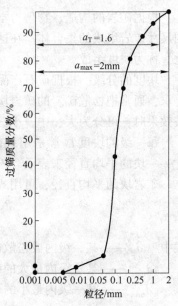

图 2-2　颗粒组成（级配）曲线

2.1.8 散体的自然安息角

散体，按其物理性质，是介于固体和液体之间的一种状态。它的颗粒可动性是有限的，并且只有在界面-边坡-与水平面所成的角度不超过一定极限的情况下才能保持其形状，如图2-3所示。这个极限角度 β_c 称为自然安息角，即自然湿度条件下的散体在某一特定条件下堆积，其自然坡面与水平面所形成的最大倾角。

2.1.8.1　自然安息角的测定方法

A　载压模拟测定箱法

载压模拟测定箱是在模拟现场静压力条件下，测定自然安息角的一种装置，它的结构如图2-4所示。

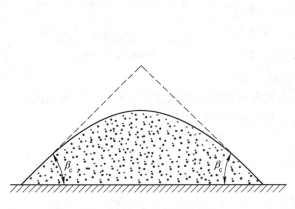

图2-3　散体的堆积状态

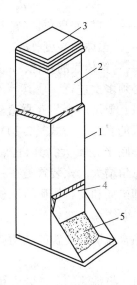

图2-4　载压模拟测定装置

1—箱体；2—传递塞；3—加载重物；4—闸门；5—散体

测定时，首先将待测量的散体装入箱体1内并将散体扒平，放上压力均匀的传递塞2，在传递塞2上按比例加上重物3，然后将箱体前壁下的旋转闸门4打开，散体5便在重力和静压力的双重作用下自然流出，形成一个自然坡面。这个坡面与放出口底板所夹的角度即为载压下的自然安息角，可用式（2-19）计算：

$$\tan\beta_y = \frac{h_m}{l_p}$$ (2-19)

式中　β_y——散体载压下的自然安息角，(°)；

　　　h_m——放出口闸门打开高度，mm；

　　　l_p——散体在放出口底板上铺落距离，mm。

这种装置是模拟有底柱分段崩落采矿法和无底柱分段崩落采矿法的一种测定自然安息角的装置。

B　无底圆筒法

采用无底圆筒法在测定前，需要根据待测散体块度的大小来确定无底圆筒的规格。无底圆筒的直径与高度之比为1∶3，无底圆筒的直径应大于散体的最大粒径的4~5倍。例如，散体粒径小于或等于15mm时，选用直径为60mm或75mm、高为180mm或225mm的无底圆筒较为合理。无底圆筒测定装置的结构如图2-5所示。

测定时，把无底圆筒放置在一个平面上，将待测的散体装满圆筒。然后，用人工或用滑轮组缓慢平稳地把圆筒垂直向上提起，散体将自然地流成一个锥体。这个锥体的锥面与水平面的夹角就是该散体的自然安息角。量出锥体高度与锥体底的直径，用式（2-20）计算自然安息角：

$$\tan\varphi_z = \frac{2h_{zd}}{d_{zd}} \qquad (2\text{-}20)$$

式中　φ_z——自然安息角，(°)；

　　　h_{zd}——锥体的高度，mm；

　　　d_{zd}——锥体底的直径，mm。

测定必须多次进行，取其算术平均值。测量锥体底的直径时，要用两个相互垂直轴的平均值，不必考虑散落很远的颗粒。由式（2-20）可知，如果锥堆高度减小或锥底半径增大，其自然安息角减小；反之，

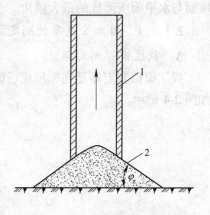

图 2-5　无底圆筒测定装置
1—无底圆筒；2—散体

其自然安息角增大。该装置是在一定的静压力和没有边壁影响条件下完成自然安息角测定的，这与卸矿场和废石场矿岩堆积的自然安息角形成的条件相似。

C　旋转箱自流测定法

旋转箱自流测量装置的结构如图 2-6 所示。旋转箱两边装有透明玻璃，以便观察和测量角度。

测量时，将欲测的散体装入箱体内，使箱体绕中间轴旋转到竖立位置，将散体扒平，并使箱体返回到水平位置。此时，散体在箱内自然形成一斜面，此斜面与水平面之间的夹角，就是欲求的自然安息角。利用测角仪或量角器直接在箱体玻璃上量取自然安息角。它是模拟空场采矿法的一种测定自然安息角的装置。

D　塌落测定装置

塌落测定装置的结构如图 2-7 所示，该装置用于测定模拟矿仓和溜井条件下散体的自然安息角。

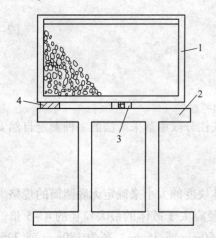

图 2-6　旋转箱自流测定装置
1—箱体；2—箱架；3—旋转轴；4—固位板

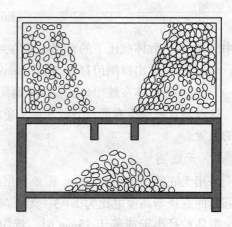

图 2-7　塌落测定装置

测定时，首先将待测量的散体装入箱体内并将其扒平，然后缓慢打开底部闸门，散体自由流出，残留于箱体内的散体将形成坡面，坡面与水平面的夹角即为自然安息角。可使用测角仪或量角器直接在箱体玻璃上量取其角度值。

2.1.8.2 影响自然安息角的因素

A 散体块度尺寸与测定装置

自然安息角随散体尺寸的增大而减小，如图 2-8 所示。由图可知，块度从 1mm 增加到 80mm 时，自然安息角减小，特别是块度小的一段，减小速度非常快。当块度增加到 80mm 以后，自然安息角趋于稳定。其主要原因是随着块度尺寸增加，散体之间总比面积减小，它们相互之间的摩擦也相应地减少；但当块度增到一定值以后，它们相互镶嵌机会增多，补偿了总比面积减小的影响，自然安息角趋于稳定。此外，粗细混合的散体的自然安息角近似等于粗细块的自然安息角的平均值。

根据不同模拟条件设计的自然安息角的测定装置，测得的自然安息角值不相同，见表 2-3。四种测定自然安息角的装置，对不同块度的同一种散体测得的自然安息角的大小也不一样，这主要是由于测量装置模拟条件不同所致。在采矿生产中，应根据不同采矿方法选用不同的测定装置，这样测得的自然安息角才会与生产实际相近。

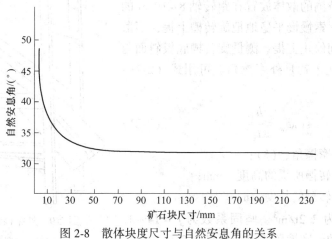

图 2-8 散体块度尺寸与自然安息角的关系

表 2-3 不同块度与不同测定装置所得自然安息角的比较

散体颗粒	测定装置名称			
	载压测定装置	无底圆筒测定装置	旋转箱自流测定装置	塌落测定装置
细粒	35°28′	34°00′	38°10′	42°12′
中粒	34°46′	33°54′	37°36′	41°24′
粗粒	33°40′	30°49′	36°48′	40°48′
混合粒	34°35′	32°17′	37°00′	41°00′

B 散体的湿度

散体的湿度增加，颗粒间的黏聚力也增大，因此自然安息角也会随散体湿度的增加而增大。当散体的湿度达到了饱和程度后，散体颗粒之间充满水，摩擦力大幅度减小，自然安息角也随之减小，见表 2-4。

表 2-4　自然安息角与湿度的关系

散体名称	自然安息角/ (°)		
	干的	潮的	湿的
碎石	32~45	36~48	30~40
砂子	28~35	30~40	22~27
砂质黏土	40~50	35~40	25~30

2.1.9　散体的内外摩擦角及黏聚力

2.1.9.1　散体的外摩擦角

散体颗粒沿斜面或斜槽，由静止状态转为运动状态（开始下滑）的瞬间的所在斜面与水平面的夹角，称为外摩擦角。外摩擦角的正切，称为外摩擦系数。

在采矿工程中，为了使散体沿某一斜面（如斜溜井、放矿漏斗翼面等）自由下滑，这个斜面倾角必须大于外摩擦角。外摩擦角测定装置如图 2-9 所示。

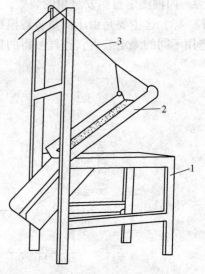

测定时，把待测的散体放置在距转轴 8~10cm 的可旋转槽中，用绳索慢慢平稳地把旋转槽上提，当散体开始下滑的瞬间停止上提。测量旋转槽底板斜面与水平面的夹角，此角就是外摩擦角，可用式（2-21）计算：

$$\sin\varphi_w = \frac{h_x}{l_x} \qquad (2\text{-}21)$$

式中　φ_w——外摩擦角，(°)；

　　　h_x——旋转槽所提的高度，mm；

　　　l_x——旋转槽的长度，mm。

对散体密度为 $2.2t/m^3$、坚固系数为 $f = 14~16$ 的磁铁矿石英岩的外摩擦角测定结果见表 2-5。

图 2-9　外摩擦角测定装置
1—装置架；2—旋转槽；3—拉绳

表 2-5　外摩擦角测定结果

块度分级/mm	外摩擦角值/(°)			
	木材底板		铁底板	
	自然湿度	湿的	自然湿度	湿的
+160	28.0		23.0	
−160+80	32.0		26.0	
−80+40	32.5	27.0	26.5	24.5
−40+20	34.0	30.0	27.5	25.0
−20+8	35.0	34.0	28.5	26.0
−8+5	37.0	46.0	30.0	40.0
−5	45.0	51.0	34.0	43.0

由表 2-5 可知，散体颗粒的尺寸越小，外摩擦角越大；反之，外摩擦角越小。散体的湿度对外摩擦角的影响是很大的。当散体的湿度超过一定的程度时，外摩擦角大幅度降低，该条件下的采场散体有可能产生"矿石流"。因此，湿度存在临界值问题。在临界湿度范围内，湿的散体中大块的外摩擦角要比自然湿度条件下的外摩擦角小；而湿的散体中细颗粒的外摩擦角要比自然湿度条件下的外摩擦角大。此外，外摩擦角还与接触面的光滑程度有关，接触面粗糙，外摩擦角大；反之，外摩擦角小。不同的接触材料，外摩擦系数也不相同，见表 2-6。

表 2-6　不同物料静态接触时的外摩擦系数

摩擦偶	钢与铁矿石	钢与花岗岩	钢与砂岩	花岗板岩与花岗岩	木板与石材	混凝土板与石材
摩擦系数	0.42	0.45	0.38	0.66	0.46~0.60	0.76

2.1.9.2　散体的内摩擦角

散体的内摩擦角是指没有黏聚力的散体内部发生剪切破坏的瞬间，作用在散体内部剪切面上的正应力和合成应力的夹角。内摩擦角可以用散体抗剪强度实验法求得。根据实验结果所作的 σ-τ（正应力-剪应力）图解，抗剪强度曲线与横坐标 σ 的夹角称为内摩擦角 φ，内摩擦角的正切称为内摩擦系数 f。因此，内摩擦系数是散体在破坏瞬间沿剪切面的极限剪应力 τ 与正应力 σ 之比，即

$$f = \tan\varphi = \frac{\tau}{\sigma} \tag{2-22}$$

如果是非理想的散体，则具有黏聚力 C。因此，内摩擦系数应为剪应力与黏聚力之差（$\tau - C$）与正应力 σ 之比，即

$$f = \tan\varphi = \frac{\tau - C}{\sigma} \tag{2-23}$$

在散体内部，相互接触的颗粒在发生相对位移时将产生一种内摩擦力。根据接触情况和状态，内摩擦力可分为滑动内摩擦力、静内摩擦力和滚动内摩擦力。散体内部相互接触的面没有发生滑动而是处于静止状态，但在力的作用下已经有了一部分沿另一部分产生滑动的趋势，这种阻碍散体转向运动的力，称做静内摩擦力。散体内部的一部分沿另一部分呈平面或曲面滑动时所产生的阻碍滑动的力，称做滑动内摩擦力。散体颗粒在另一个面上滚动时所产生的阻碍滚动的力，称做滚动内摩擦力。这三种内摩擦力均有相应的摩擦系数和内摩擦角。通常所指的内摩擦角是指与静摩擦力相对应的摩擦角。

散体的松散性、湿度、块度组成、块的形状、表面粗糙程度和剪切速度等，对散体的内摩擦角有很大的影响。随着散体的松散系数的增大，内摩擦角、内摩擦系数和黏聚力均随之减小，见表 2-7 和图 2-10；反之，随着压实度的增大，内摩擦角也增大，要使散体颗粒间产生相对位移，所需的剪应力也增大。因此，增大松散系数和孔隙率，减小压实度，对出矿有利。

表 2-7　内摩擦角和黏聚力与松散系数的关系

松散系数	1.30	1.35	1.45	1.55	1.65	1.75
内摩擦角/(°)	46	45	43	40	38	36
黏聚力/MPa	0.5	0.26	0.20	0.05	0	0

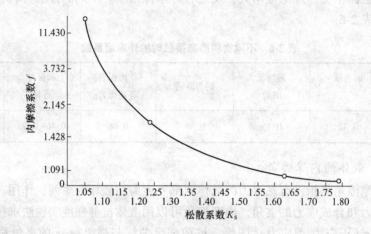

图 2-10　内摩擦系数与松散系数的关系

随着散体湿度的增大，毛细管作用产生的黏聚力和抗剪强度也急剧增加。采场在这种条件下放矿，就可能出现空洞，使放矿作业终止。但是，当散体的湿度达到饱和程度后，毛细管作用所产生的黏聚力将消失，内摩擦角也大幅度减小。同一种散体粒级，圆滑颗粒的内摩擦角小，非圆滑颗粒的内摩擦角大；多种粒级组成的不等轴尖角的散体的内摩擦角大，而圆滑颗粒的内摩擦角小。当剪切速度提高时，内摩擦角减小。

综上所述，内摩擦角在很大程度上影响散体的流动性和放出体的大小。因此内摩擦角是一个非常重要的力学参数。

2.1.9.3　散体的黏聚力

当散体颗粒的接触面之间存在有胶结物质或水时，即使没有压力，也会使散体具有一定刚度和抗剪能力。这种初始的抗剪能力称为散体的黏聚力，它和内摩擦力共同决定着散体的抗剪强度。

散体的黏聚力既与所含黏性颗粒多少、湿度和压实度有关，又与孔隙中所含水分的毛细管作用有关。当黏土颗粒增多、湿度增大时，在压力作用下，散体会产生固结，黏聚力将增大，而黏聚力的大小对散体流动性有较大影响。散体的黏聚力可以在测定内摩擦角的同时测得。

散体在存放中失去松散性而结块的性质称为黏结性。在一定的放出漏斗口尺寸下，没有大块，可以自由地从漏斗口放出的散体，意味着不黏结；反之，在漏斗口之上形成黏结拱等，则说明有较大黏结性。有时用放矿口上空洞暴露的一定面积来衡量黏结的程度。例如，对一种湿度为 1.7% ~ 11%，含黏性颗粒为 0 ~ 40% 的散体的黏结程度测定结果见表2-8。

表 2-8　黏结程度测定结果

黏性含量/%	实验次数/次	最大黏结时的湿度 /%	放矿口之上空洞最大 暴露面积/m²	产生黏结性的 湿度极限/%
0	5	1.9~2.3	2.8×10⁻²	2.0~2.5
3	4	2.0~3.0	4×10⁻²	6.0
6	5	1.7~2.4	5×10⁻²	7.0
9	5	1.7~3.0	7×10⁻²	7.5
12	5	1.7~3.5	12×10⁻²	8.0
15	4	2.0~4.0	18×10⁻²	8.5
20	5	2.0~5.0	24×10⁻²	9.0
30	5	2.0~5.0	32×10⁻²	10.0
40	6	3.0~6.0	42×10⁻²	11.0

　　由表 2-8 可知，随着黏性颗粒含量的增大，只要具有一定湿度，黏结性就会增大。随着湿度增大，黏结性也有很大增长。但当湿度增大到一定程度（根据黏性颗粒含量的不同），极限湿度为 5%~11% 时，反而会使黏结性降低。黏结性对散体流出的影响很大，黏结的散体很难从放矿口放出，易于形成拱和空洞。不仅会降低放矿效率，还会对安全造成很大威胁，并使纯矿石回收量降低，废石过早地侵入空洞，造成超前贫化，损失也将增大。

2.2　散体的力学性质

　　散体力学主要包括散体静力学、运动学和动力学。崩落矿岩一般属于非理想的散体介质，矿岩块之间有一定的黏结力，但其强度远比矿岩体本身的强度低。就单个矿岩块而言，它具有固体的特性；而就整个散体而言，它又具有液体性质，如矿岩块之间的位置容易改变，可以和盛着它的容器具有同一轮廓形状，也可从容器的孔中流出，如粮仓中的稻谷。故散体具有固体和液体的双重物理属性。

　　散体的力学性质也介于固体和液体之间。如散体在容器中和液体一样，有向容器四周施加水平压力的性质，但水平压力的大小又和液体不同，不是等于同高的垂直压力，而要乘上一个小于 1 的侧压系数 K_c，即

$$P_s = K_c P_z \tag{2-24}$$

式中　　P_s——散体水平压力；

　　　　P_z——垂直压力；

　　　　K_c——侧压系数。

　　散体的 K_c 值介于 1~0 之间，而固体为 0，液体为 1。所以从这一点看，散体的力学性质也具有固体和液体的双重性。同时，散体在一定条件下的确存在向固体或液体转化的可能性，如散体湿度超过临界值，则变成"泥石流"，向流体转化；而散体结块，则是散体向固体转化的一种表现。

2. 2. 1　散体的抗剪强度

散体的强度（即破坏强度）主要取决于它的抗剪强度。散体的抗拉强度与它的抗剪强度有关，而抗压强度则取决于颗粒的强度和它的接触处所受的压力。

确定散体抗剪强度的简单方法如图 2-11 所示。把散体放置在由上下两部分组成的环内，下部是固定不动的，上部在剪切力 F_s 作用下可以沿着 I—I 断面在水平方向移动，如图 2-12 所示。垂直于断面 I—I 施加力 F，可用千分表等装置对水平位移进行测量。有时则把下部做成活动的，把上部做成不动的。

实验时将力 F 固定不变，逐渐加大力 F_s，一直加大到一部分散体对另一部分刚刚发生滑动为止。对于不同的 F 值进行重复实验，对于每组实验找出一个极限剪力值，即散体抗剪强度的合力 F_s。

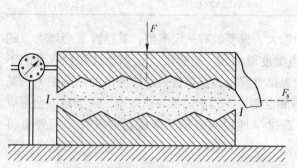

图 2-11　散体抗剪强度测试示意图

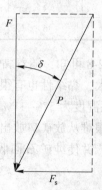

图 2-12　散体抗剪受力分析图

实验结果表明，散体的剪切力与法向压力之间的关系具有如图 2-13 所示的曲线形式。这条曲线在整个长度上，除开始一段外曲率均很小，因此为了实用，可用直线（图 2-13 中的虚线）来代替。这相当于采用库仑定律。根据此定律，散体的剪切力等于内摩擦力和黏聚力之和，即

$$F_s = Ff + CA \tag{2-25}$$

式中　F_s ——散体的剪切力；

　　　F ——法向压力；

　　　f ——散体的内摩擦系数，等于内摩擦角 φ 的正切，即 $f = \tan\varphi$ 或 $\varphi = \operatorname{arctan} f$；

　　　C ——单位黏聚力，即发生在单位剪切面积上的黏聚力；

　　　A ——剪切面积。

为了得到抗剪强度 τ，可用剪切力与剪切面积 A 的比值来表示，即

$$\tau = \frac{F_s}{A} = \sigma \tan\varphi + C = \sigma' \tan\varphi \tag{2-26}$$

式中　σ' ——换算法向应力，即考虑由内部黏聚力引起的应力，$\sigma' = \sigma_0 + \sigma$；

　　　其中：

　　　σ ——垂直于剪切面的应力，$\sigma = \dfrac{F}{A}$；

　　　σ_0 ——黏性应力，$\sigma_0 = \dfrac{C}{\tan\varphi}$。

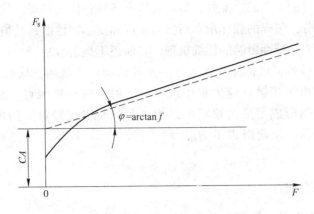

图 2-13　剪切力与法向压力间的关系

另外，散体材料的设计强度是最理想的，但是各种散体所处的条件千差万别，往往难以准确评价。因此，一般是在简化了的应力条件和变形约束条件下，适当地选用若干种标准的抗剪强度实验方法进行实验，以测定其强度。其中，三轴压缩实验是最常用的实验方法。这种实验方法的荷载条件和约束条件也许与某种具体的散体不完全吻合，但因其实验原理和方法较为简单、易于采用，因此通常所测的内摩擦角比真三轴应力状态下的测定值小。

散体不是刚塑性体，为了发挥其剪阻力必然有剪切变形，伴随着剪切变形，一般还会出现明显的体积变化。这种现象被称为剪胀。剪胀现象是散体特有的性质，与散体的物理力学性质密切相关。随着轴向应变的增加，颗粒发生相对移动和在接触面上的滑动，向着可承受更大剪切荷载的结构变化，而轴向荷载不断增加直至破坏。

对于大多数散体而言，如砂土、碎岩、粗粒土等，黏聚力很小，因此可以认为抗剪强度主要是受颗粒间的摩擦、剪胀、重新排列、颗粒破碎等因素的支配。

（1）颗粒间的摩擦。在整个剪切过程中，与外部荷载平衡的是作用于接触面的正应力和摩擦阻力。说明摩擦性散体材料的抗剪强度的基本机理在于颗粒间的摩擦现象，故在支配抗剪强度的诸因素中，摩擦是主要作用。

（2）剪胀。剪切当中外加能量的一部分将消耗于试样的体积膨胀，可认为通过扣减这部分能量来评价抗剪强度。经过体积膨胀（或压缩），散体的咬合状态向着更为稳定的方向变化，确保其结构能够承受更大的外力。随着剪切变形，不仅有一部分必要的能量要消耗于可观察到的体积变化，而且同时会产生这种从外部无法观察到的内部体积结构的变化，这种综合效果称为剪胀效应。

（3）颗粒重新排列。随着剪切变形的发展，颗粒之间将产生滑动和转动，即颗粒的重新排列。这种排列不断向着新的结构状态转化，直至出现峰值强度时，重新排列的结果必然是强化其承载结构。故在轴向应变增大的同时，主应力差在不断上升。由于颗粒重新排列，因此体积一般也会发生变化。但这一部分被视为剪胀效应，而把散体变形下的正向的结构变化（即向可承受更大外荷载的结构的变化）视为重新排列的效果。

（4）颗粒破碎。所谓颗粒破碎，表面上看是由于组成散体的颗粒群体中的一部分破坏分离，使最初的颗粒级配发生变化的现象。而仅从级配变化的这一表面现象是很难理解颗粒破碎与抗剪强度的关系的。此外，颗粒破碎有各种各样的形态，从接触点的压碎到整个颗粒破裂为两部分，怎样的破坏形态对抗剪强度和变形特性而言是最为重要的，诸如此类有关颗粒破碎对力学特性影响的详细机理，目前还不是很清楚。

一旦发生颗粒破碎，散体原先所具备的承载结构就被破坏，从而引起颗粒间接触点荷载的重新分配。由于接触点应力集中现象被缓解，使得接触点荷载分布平均化。就荷载分布而言，虽然形成了更为稳定的结构，但同时出现颗粒间的内部连接变弱，颗粒移动变得相对容易，反而阻碍了剪胀效应的发挥。可以认为这是使内摩擦角降低的主要原因。

2.2.2　散体的变形特征

散体的变形远较其他工程材料的变形复杂，其复杂性主要表现在很多种因素都可能导致散体的变形。这些因素有散体在压力作用下会发生体积的压缩、变形和固结，在压力减小时会发生散体的膨胀回弹；湿度变化会在散体中发生水分的迁移、冻融，而使散体发生变形；湿度变化会引起散体的干缩或湿胀，甚至使散体结构失稳而发生过量的变形；化学环境的变化，会改变颗粒与水的相互作用，从而影响散体的变形特征。

以上因素中，压力变化引起的散体变形最为重要。散体与其他弹性工程材料的不同之处是变形特征随着应力水平变化，并不是一个常量。散体与其他弹性工程材料的相同之处，是散体的变形（应变）与荷载强度（应力）常为一个问题的两个方面。严格地说，既没有脱离强度的变形，也没有不具备变形的强度。两者是相互依存的关系，有时需要以一定的强度范围来论述变形，但有时又需要以一定的变形来定义强度，所以，强度和变形两者常是不可分割的。

2.2.2.1　散体介质的变形特点

A　散体介质的结构变形

散体介质受到外载荷以后，构成介质骨架的固体颗粒互相移动。与此同时，孔隙体积改变，内部结构变化，颗粒之间原接触点破坏并转为新的更稳定的平衡状态；或者颗粒之间黏聚力破坏，整个松散体破裂，这种变形就称为结构变形。结构变形是属不可逆的塑性变形。

B　散体介质的弹性变形

黏结性大的散体，颗粒之间充满水膜，受外力作用以后水膜厚度发生与吸附力有关的变形，这种变形是可逆的，称为吸附变形。

散体的变形主要为不可逆的结构变形。

散体的变形主要表现为它的孔隙比的变化：压缩表现为孔隙比减小，松散表现为孔隙比增大。而单个颗粒的变形是很小的，因而，在研究散体介质变形时，往往将固体颗粒的这种微小变形忽略，所以散体介质的变形力学主要是研究孔隙比与法向主应力、孔隙比与介质体积的变化之间的关系。

在不发生侧向变形条件下，散体介质压缩主应力 σ 与孔隙比 K_{kx} 之间的关系可写成：

$$K_{kx} = K_{kx}(\sigma) \tag{2-27}$$

这表示散体介质的孔隙比值是主应力的函数。

同理，也可以求出与孔隙比有密切关系的散体介质的密度 ρ 、内摩擦角 φ 及黏聚力 c 与主应力 σ 的关系：

$$\rho = \rho(\sigma) \tag{2-28}$$

$$\varphi = \varphi(\sigma) \tag{2-29}$$

$$c = c(\sigma) \tag{2-30}$$

2.2.2.2 放矿时松散矿岩的变形特点

崩落矿岩从采场放出过程中所发生的变形具有以下几个特点：崩落矿岩从采场放出过程就是它发生变形的过程，这个变形由弹性变形和结构变形两部分组成，且大部分属于结构变形；崩落矿岩放出时，松散和压缩两种变形状态同时发生，放矿口上部松动带内表现为松散，孔隙比增加；松动带周围表现为压缩，孔隙比减小；在其他条件相同的情况下，颗粒之间的接触联结力和摩擦力对崩落矿岩的结构变形产生决定性的影响，而这种联结力主要取决于崩落矿岩的初始密度。初始密度愈大，孔隙度愈小，矿岩愈难以放出，结构变形愈难以发生。摩擦力与放矿高度相关，松散矿岩的高度越大，颗粒间的摩擦力和剪切强度越大。挤压崩矿以后矿石在开始难以放出，就是因为块状矿石之间挤得很紧，接触联结力很大的缘故；崩落矿岩的压实效果与载荷的性质关系很大。动载荷对崩落矿岩的压实作用要比静载荷大，所以井下经常性爆破，特别是挤压大爆破对崩落矿岩的压实作用要比静载荷大得多；外加压实和外加松动对崩落矿岩的变形又有差别。实践证明，不论外加载荷的性质如何（动载荷或者静载荷），对崩落矿岩的变形程度的影响比起松动作用给崩落矿岩的变形影响程度要微弱得多。许多矿山为了防止采场内矿石结块和降低底柱上承受的压力，会定时从漏斗中放出一定的矿石，使之经常保持松动，就是利用了崩落矿岩这一力学特性来消除压实带来矿岩的流动性差问题；重力松动和振动松动对崩落矿岩的流动性也有很大影响。以细粒矿石为例，在强烈的振动力作用下，内摩擦系数减少，矿岩的流动角大幅度降低。这就是目前国内外应用振动出矿的理论依据之一。

2.2.3 散体介质应力极限平衡理论

2.2.3.1 放矿过程中松散矿岩力系平衡的破坏

由于矿石通过放矿口的流动问题，是放矿研究中的基本问题，这就要求我们了解矿石流动的条件与过程。

放矿之前，整个松散矿岩处于相对静止状态。打开漏斗闸门开始放矿以后，位于放矿口上部的颗粒的静力平衡受到破坏，开始流出放矿口。一个颗粒落下就破坏了位于该颗粒之上的另一个颗粒的平衡，这样另一个颗粒和周围的颗粒一道同时加入运动，流向放矿口。这种平衡状态的连续破坏过程，就是矿岩不断从采场流出的过程，一直达到新的平衡为止（如放矿口堵塞、闸门关闭等）。松散矿岩的流动与停止，是以下诸力相互作用的结果：重力、松散矿岩的内摩擦力、松散矿岩与岩壁或静止边界的外摩擦力、松散矿岩的黏聚力。

松散矿岩产生流动的条件是：重力大于其余各力的合力；

松散矿岩停止流动的条件是：重力的作用小于各力的合力；

松散矿岩流动与停止流动的极限平衡条件是：重力恰好等于其余各力的合力，且作用方向正好相反。一旦这种平衡破坏，松散矿岩就开始流动。

2.2.3.2 散体介质应力极限平衡理论

A 应力极限平衡理论的物理含义

如前所述，松散物料的应力极限平衡状态是这样一种应力状态，在这种状态下，整个物料或者它的某一区域内的初始抗剪力和内摩擦力刚好被克服。松散物料的这种应力极限状态的出现引起松散物料的运动。这就是我们要讨论的散体介质应力极限平衡理论的基本含义。

B 应力极限平衡方程

我们研究散体介质的某一点，并设想通过该点有一具有法线 η 的任意微面。在该微面上作用着法向应力分量 σ_n 和切向应力分量 τ_n。

在平衡破坏时，黏性不大的散体介质沿着该微面的抗剪强度是一线性关系，即

$$|\tau_n| = \sigma_n \tan\varphi + c \tag{2-31}$$

式中符号同前。

该式说明，抗剪强度是由内摩擦力和黏聚力产生的阻力组成的。

显然，如果在散体介质内的任一点上满足以下基本条件：

$$|\tau_n| \leqslant \sigma_n \tan\varphi + c$$

并且

$$\sigma_n \geqslant - c\cot\varphi \tag{2-32}$$

则该散体将不发生滑动。

假设：

$$\sigma_c = c\cot\varphi \tag{2-33}$$

式中 σ_c ——换算黏性应力。

该换算黏性应力可以理解为散体介质的各方均等的极限抗拉强度。因此，作用在微面上的应力除实际应力向量以外，还可以引入所谓引用应力向量的概念（图 2-14）。该向量有法向应力 $\sigma_n + \sigma_c$ 和切向应力 τ_n。

这样，保证散体介质不发生滑动的不等式将有：

$$|\tau_n| \leqslant (\sigma_n + \sigma_c)\tan\varphi$$

并且

$$\sigma_n \geqslant - \sigma_c \tag{2-34}$$

因此，在 σ_c 不大的散体介质中，只可能有不大的法向拉应力，而在理想的散体介质中，$\sigma_c = 0$，就只有压缩法向应力。

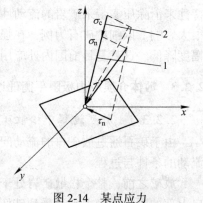

图 2-14 某点应力
1—实际应力向量；2—引用应力向量

为了所研究的点的散体介质的应力平衡，在通过该点的任意微面上，应当满足上述不等式，因而：

$$\max\{|\tau_n| - (\sigma_n + \sigma_c)\tan\varphi\} \leqslant 0 \tag{2-35}$$

而当

$$\max\{|\tau_n| - (\sigma_n + \sigma_c)\tan\varphi\} = 0 \tag{2-36}$$

时的状态，就是散体介质的应力极限平衡状态，这也就是散体介质极限平衡条件的力学

特性。

因而，对于散体介质的应力极限平衡条件也可作如下理解，即在极限状态时，切向应力的绝对值与作用在同一微面上法向应力的线性函数间的最大差值等于零。

如果微面上的法线应力 σ_n 和切线应力 $|\tau_n|$ 能满足关系式 $|\tau_n| = \sigma_n \tan\varphi + c$，那么这些微面称为滑动微面。

如果某一区域的所有点均处于极限状态，则称整个区域处于极限状态。在极限状态的区域中，可以作出每点的切向平面均与相应的滑动微面相重合的面。这种面总是有两个，它们通过某一主轴，并以相等的锐角倾斜于其他主轴。这种面形成非正交的两族系，并以锐角 $\dfrac{\pi}{4} - \dfrac{\varphi}{2}$ 倾斜于最大主应力 σ_1 的方向。这两个族系相应地称为第一和第二滑动（或称滑移）线族。

在散体介质发生剪切的瞬间，等式（2-36）就会成立，这就是滑动面的极限平衡条件。

C 放矿过程中作用在重力流界面上的力系及其分析

在作用于松动椭球体边界上某点 N 的力系中，垂直应力 σ 可以分解为法向分量 σ_n 和切向分量 τ_n。即在 N 点上作用着下述应力：剪应力 τ_n 和它的反作用力 $\sigma_n \tan\varphi$，以及初始抗剪应力（即为黏聚力）c。这些力之间的关系，在极限平衡状态条件下，可用 $|\tau_n| = \sigma_n \tan\varphi + c$ 表示。

为了方便，利用莫尔应力圆来表示散体介质的应力极限平衡状态，利用图解法求组成平衡条件的各个参数。

图 2-15 表示莫尔应力圆。为了使所研究的问题简化，将有曲度的包络线近似用直线 AD 来代替。从莫尔应力圆图中几何关系可以明显地看出，抗剪强度线 AD 就代表极限平衡方程，即

$$\tau_n = \sigma \tan\varphi + c$$

直线 AD 之上为滑动区，之下为平衡区。内摩擦角 φ 是直线与横轴的夹角。初始抗剪力 c 为 OA 线段。换算黏性应力 σ_c 为 OO' 线段。

从该图中还可以看出，当应力圆与 AD 线相切时，表示散体介质进入极限平衡状态，故 AD 线又称为极限线。假如有任何一个应力圆在该极限线范围以内，而不与极限线相切，那么，在散体内过任一点的平面都不能达到极限平衡状态。但是，与此相反，应力圆越出极限线外也是不可能的，因为此时应力圆切线的最大倾斜角将大于内摩擦角，此时散体早已发生移动。从图 2-15 还可看出，换算黏性应力 σ_c 的值就等于各个方向均匀拉伸时的极限强度。

进一步分析图 2-15，可以把最大倾角的正弦表达如下：

$$\sin\theta_{max} = \frac{O''B}{O'O''}$$

考虑到：

$$O''B = \frac{\sigma_1 - \sigma_3}{2}$$

及

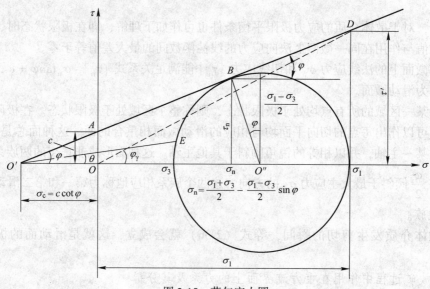

图 2-15　莫尔应力圆

$$O'O'' = O'O + OO'' = \sigma_c + \frac{\sigma_1 - \sigma_3}{2}$$

于是最大倾角的正弦值等于：

$$\sin\theta_{max} = \frac{\sigma_1 - \sigma_3}{\sigma_1 + \sigma_3 + 2\sigma_c} \tag{2-37}$$

从图中可以看出，最大倾角就等于内摩擦角 φ。于是当 $\sin\theta_{max} = \sin\varphi$ 时，又可以得到另一个应力极限平衡方程，即

$$\sigma_1 - \sigma_3 = (\sigma_1 + \sigma_3 + 2\sigma_c)\sin\varphi \tag{2-38}$$

按照材料力学公式，用与坐标轴 x 及 z 平行的平面上的分应力来表示主应力：

$$\sigma_1 = \frac{1}{2}(\sigma_x + \sigma_z) + \frac{1}{2}\sqrt{(\sigma_x - \sigma_z)^2 + 4\tau_{xz}^2}$$

$$\sigma_3 = \frac{1}{2}(\sigma_x + \sigma_z) - \frac{1}{2}\sqrt{(\sigma_x - \sigma_z)^2 + 4\tau_{xz}^2}$$

那么，最大倾角的正弦值就可以改用式（2-39）表达：

$$\sin\theta_{max} = \frac{\sqrt{(\sigma_x - \sigma_z)^2 + 4\tau_{xz}^2}}{\sigma_x + \sigma_z + 2\sigma_c} \tag{2-39}$$

而极限平衡条件可表达如下：

$$(\sigma_x - \sigma_z)^2 + 4\tau_{xz}^2 = (\sigma_x + \sigma_z + 2\sigma_c)^2 \sin^2\varphi \tag{2-40}$$

以上导出了好几种应力极限平衡表达式，其目的是为了以后在不同情况下应用它们。而这些表达式，实质上都处于同一库仑条件，只是表达方式有所不同而已。

由图 2-15 可知，具有黏聚力 c 的散体抗剪角并不是内摩擦角 φ。只有当正应力面上合力（总抗剪力）OD 的倾角等于 φ_γ 时，才发生破坏。抗剪系数 K_γ 可用式（2-41）表示：

$$K_\gamma = \frac{\tau_1}{\sigma_1} = \tan\varphi_\gamma \tag{2-41}$$

式中　　φ_γ——抗剪角，它随正应力增长而减小。

该系数又可以用式（2-42）表示：

$$K_\gamma = K - \frac{c}{\sigma_n} \qquad\qquad (2\text{-}42)$$

式中　　K——内摩擦系数。

抗剪系数 K_γ 和内摩擦系数一样，可以根据它判断有黏聚力的松散矿岩从漏斗放出时的移动特点及移动难易程度。

　　D　平衡拱的形成与形成条件

　　如前面所分析的，松散矿岩从漏斗中流出时，在流动带内松散颗粒在运动过程中受到内摩擦力、黏聚力及其他力的作用，在一定条件下形成平衡。由于放出过程中拱不断形成又破坏，所以使松散矿岩呈脉冲式地流出。

　　在散体介质中，力的传递是通过颗粒的接触点来进行的。因此，每一个单独的颗粒就等于运动线路上的一个点（它本身有足够的强度，能承受一定的微变形），各相邻颗粒属于运动偶。这些颗粒在重力作用下沿着近似直线的轨迹逐渐合拢起来向下运动，同时在运动体内形成一种平衡拱的结构，承受上面介质一定压力。在放出时，这种拱的结构又起力的传递作用。

　　平衡拱的形成原理和作用于拱上的诸力如图 2-16 所示。

　　由于散体介质在流动带内每一层的颗粒运动速度不同，故拱的不同部分载荷也不同，最大的载荷在拱的轴心上，最小载荷在拱的边部。这就是拱所以先从轴心破坏的原因。随着高度的增加，流动带横断面上颗粒运动速度的差别逐渐减小，因而在高度较大的水平上，沿着整个拱面上的载荷可以近似地看作均匀分布。

　　由于拱承受载荷，所以传给拱脚以力 F，这个力可以分解为垂直分力 N 和水平

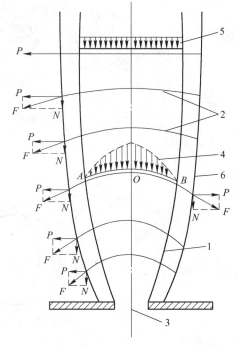

图 2-16　运动体内拱的形成原理及作用力
1—流动带；2—拱；3—放矿口；4—拱承受的载荷；5—成拱前流动带内的均布载荷；6—最大的水平动侧压力影响边界

分力 P。这个水平力就是对流动带周围介质的侧压力，称为水平动侧压力。

　　但是，在散体介质粒级比较均匀，放矿漏斗口尺寸又与粒级相适应的情况下，放矿时在流动带所形成的平衡拱与固体岩石中所形成的平衡拱不同。前者往往是不够稳定的，形成与破坏交替进行，在拱形成的瞬间，散体介质突然停止流出，同时也给拱面一个冲击，假如拱不稳定，它当即就被破坏，继续流出。假如拱较稳定，散体介质就会停止流动，只有达到一定的条件才恢复流动。

E   应用散体介质应力极值原理计算放矿漏斗直径

漏斗直径的计算方法很多，这里介绍一种以散体介质应力极限平衡理论为基础的计算方法。

放矿开始后，散体介质的部分区域立即产生结构变形，漏口土垂直压力逐渐减少到小于水平压力。垂直压力减少到零，乃是自然平衡拱最好的形成条件。下面根据平衡拱形成的极值关系决定漏斗直径。

图 2-17（a）表示一个楔缝形漏斗，B_h 为漏斗口宽，垂直纸面为无限长。取 $abb'a'$ 单元体，并取垂直纸面方向为 1 个单位。此时作用在拱脚的合力为 F。

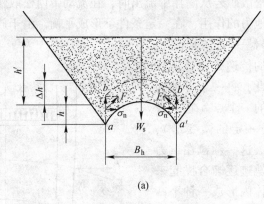

(a)

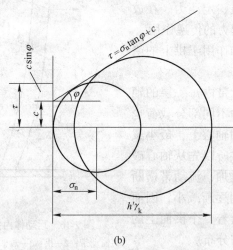

(b)

图 2-17　楔缝形漏斗

(a) 漏斗剖面图；(b) 应力圆图解

F 可分解为切向应力（沿垂直面 ab 和 $a'b'$）τ 和正应力 σ_n。单元体的重量 W_s 可以近似地表示为：

$$W_s = B_h \Delta h \gamma_k \tag{a}$$

式中，Δh 为单元体高；其他符号同前。

平衡条件为：

$$W_s = 2\tau \Delta h \tag{b}$$

式（b）等于式（a），得：

$$B_{\mathrm{h}} = \frac{2\tau}{\gamma_{\mathrm{k}}} \tag{c}$$

由图 2-17（b）可知：

$$\tau = c(1 + \tan\varphi) \tag{d}$$

将式（d）代入式（c）得：

$$B_{\mathrm{h}} = \frac{2c(1 + \tan\varphi)}{\gamma_{\mathrm{k}}} \tag{2-43}$$

图 2-18 表示圆形或正方形漏斗的情况。d 为漏斗口直径。合力 F 作用在单元体 $abb'a'$ 圆柱形表面 $a'b'$ 上。同图 2-17 一样，F 力分切线应力 τ 和正应力 σ_{n}，于是得单元体的重量：

$$W_{\mathrm{s}} = \frac{\pi d^2}{4}\Delta h\gamma_{\mathrm{k}} \tag{a}$$

平衡条件是：

$$W_{\mathrm{s}} = \tau\pi d\Delta h \tag{b}$$

式（a）和式（b）相等，得：

$$d = \frac{4\tau}{\gamma_{\mathrm{k}}} \tag{c}$$

由上面得知：

$$\tau = c(1 + \sin\varphi) \tag{d}$$

将式（d）代入式（c）得：

$$d = \frac{4c(1 + \sin\varphi)}{\gamma_{\mathrm{k}}} \tag{2-44}$$

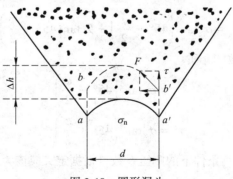

图 2-18　圆形漏斗

所以漏斗口直径一般计算公式可用式（2-45）表示：

$$d = \frac{2c(1 + \sin\varphi)}{K_1\gamma_k} \tag{2-45}$$

式中　K_1——漏斗形状系数，对圆形及方形漏斗 K_1 取 0.5，对楔形漏斗 K_1 取 1。

2.2.4　散体介质的侧压力及侧压系数

水平压力 P_{s} 就是散体介质的侧压力，小于 1 的系数 K_{c} 就是侧压系数。

2.2.4.1 应力极限状态下侧压力及侧压系数

极限状态下的侧压力及侧压系数，是用散体介质极限平衡状态下的主应力之间的关系来计算的。

将 σ_1 用 σ_z、σ_3 用 σ_x 代替，并令 $\sigma_c = c\cot\varphi$，就可以得到类似应力极限平衡方程的极限公式：

$$\sigma_z - \sigma_x = (\sigma_z + \sigma_x + 2c\cot\varphi)\sin\varphi \tag{2-46}$$

解出该式中的 σ_x 值：

$$\sigma_x(1 + \sin\varphi) = \sigma_z(1 - \sin\varphi) - 2c\cos\varphi$$

$$\sigma_x = \sigma_z \frac{1 - \sin\varphi}{1 + \sin\varphi} - 2c \frac{\cos\varphi}{1 + \sin\varphi} \tag{a}$$

将式（a）中 σ_z 和 $2c$ 后面含有内摩擦角 φ 的系数改写成简单形式，则有：

$$\frac{1 - \sin\varphi}{1 + \sin\varphi} = \frac{\sin 90° - \sin\varphi}{\sin 90° + \sin\varphi} = \frac{2\sin\left(45° - \frac{\varphi}{2}\right)\cos\left(45° + \frac{\varphi}{2}\right)}{2\sin\left(45° + \frac{\varphi}{2}\right)\cos\left(45° - \frac{\varphi}{2}\right)} = \frac{\sin^2\left(45° - \frac{\varphi}{2}\right)}{\cos^2\left(45° - \frac{\varphi}{2}\right)} = \tan^2\left(45° - \frac{\varphi}{2}\right) \tag{b}$$

而 $2c$ 后面的系数可以写成：

$$\frac{\cos\varphi}{1 + \sin\varphi} = \sqrt{\frac{1 - \sin^2\varphi}{(1 + \sin\varphi)^2}} = \sqrt{\frac{1 - \sin\varphi}{1 + \sin\varphi}} = \sqrt{\tan^2\left(45° - \frac{\varphi}{2}\right)} = \tan\left(45° - \frac{\varphi}{2}\right) \tag{c}$$

将式（b）和式（c）代入式（a），得侧压力 σ_x 和垂直压力 σ_z 的表达式：

$$\sigma_x = \sigma_z\tan^2\left(45° - \frac{\varphi}{2}\right) - 2c\tan\left(45° - \frac{\varphi}{2}\right) \tag{2-47}$$

或

$$\sigma_z = \sigma_x\tan^2\left(45° + \frac{\varphi}{2}\right) + 2c\tan\left(45° + \frac{\varphi}{2}\right) \tag{2-48}$$

对于黏聚力 $c = 0$ 的散体介质：

$$\sigma_x = \sigma_z\tan^2\left(45° - \frac{\varphi}{2}\right) \tag{2-49}$$

$$\sigma_z = \sigma_x\tan^2\left(45° + \frac{\varphi}{2}\right) \tag{2-50}$$

那么散体介质极限平衡条件下的侧压系数，根据定义应该为：

$$K_c = \frac{\sigma_x}{\sigma_z} = \frac{1 - \sin\varphi}{1 + \sin\varphi} = \tan^2\left(45° - \frac{\varphi}{2}\right) \tag{2-51}$$

2.2.4.2 超过极限状态的侧压力和侧压系数

放矿以后，松散体发生了结构变形，这时侧压系数也会发生变化。在达到应力极限状态之前，垂直压力较大，水平压力较小；侧压系数也较小；而放矿以后，垂直压力显著减小，水平压力明显地增加，侧压系数也相应地增大。

放矿过程中的侧压力和侧压系数计算是一个比较复杂的问题，目前尚缺乏深入研究，但这个问题对放矿时的压力计算又十分重要，所以下面介绍一种用经验公式计算的方法。

为了计算盛散体介质的容器，如谷仓、溜井、矿仓、采场等的底部和周壁的压力，目前仍比较广泛地应用杨辛公式计算单位面积上的垂直压力，该公式如下：

$$P_z = \frac{\gamma_k S}{K_w l K_c}\left[1 - \exp\left(-\frac{K_w l K_c}{S}z\right)\right]$$ (2-52)

式中　P_z——装填深度为 z 的容器底板上的单位面积上的垂直压力，N；

　　　K_w——散体和容器四壁的摩擦系数；

　　　S——容器的水平面积，m^2；

　　　l——容器水平断面周长，m；

其他符号意义同前。

式（2-52）是散体静压力计算公式，没有考虑随装填深度增加散体压实度也增加，也没有考虑容器四壁摩擦使底板上压力分布不均，以及散体达到应力极限状态后放出过程中垂直压力和水平压力变化等因素。因此经常采用以下经验公式计算容器周壁所受到水平压力：

$$P_s = 2K_c P_z$$ (2-53)

此外，还有人运用数理统计方法，得出了以下计算侧压系数的经验公式：

$$K_c = 1 - 0.74\tan\varphi - \frac{1.52c}{F}$$ (2-54)

式中　F——散体的压力。

————————本 章 小 结————————

（1）密度、松散性、孔隙度、压实度、湿度、块度、自然安息角、外摩擦角、内摩擦角、黏聚力是影响放矿过程的散体介质的物理力学性质，这些性质对放矿规律的研究，具有十分重要的意义。（2）崩落的松散矿岩是一种非理想的散体介质，其物理力学性质、测定方法以及对放矿的影响是放矿研究的基础。（3）散体介质的变形主要表现为不可逆的结构变形。松散矿岩放出时，松散和压缩两种变形状态同时发生。动载荷、外加松动和振动松动对松散矿岩变形的影响，比静载荷、外加压实和重力松动大。（4）散体介质应力极限平衡理论是研究放矿的理论基础，散体介质应力极限状态的出现引起散体介质的运动。

习题与思考题

2-1 说明崩落的松散矿岩属于哪类松散介质，具有什么特性。

2-2 论述散体介质的松散性、孔隙度和压实度三者关系如何，对放矿的影响如何，它们和容重之间有什么关系？

2-3 简述一次松散、湿度、块度大小和形状、容重、松散性、孔隙度、压实度对内摩擦角和黏聚力有何影响。

2-4 论述湿度和黏土含量对黏结性和放矿条件有何影响。

2-5 说明松散矿岩块度组成有哪些测定方法，各有什么优缺点？

2-6 试述自然安息角、外摩擦角和内摩擦角的概念、测定方法，以及各自对放矿的影响和三者的关系。

2-7 论述自然安息角、外摩擦角和内摩擦角中哪个能更好地反映松散矿岩的力学性质。

2-8 说明松散矿岩的物理力学性质有什么重要意义。

2-9 说明散体介质的变形特点是什么，它与放矿有何关系？

2-10 论述散体介质应力极限平衡理论的含义及表示方程。

2-11 论述散体介质侧压系数的概念及与放矿的关系。

3 底部单一漏斗放矿矿岩移动规律

本章学习要点:(1)放矿过程中散体内部形成各种运动形体:放出椭球体、松动椭球体、等速椭球体、放出漏斗、移动漏斗以及移动椭球体;(2)底部放矿过程中崩落矿岩移动的基本规律;(3)应用其规律解决实际问题的原理和方法。

本章关键词:放出椭球体;松动椭球体;等速椭球体;放出漏斗;松动漏斗。

覆盖岩层下放矿是崩落采矿法的主要特征之一,大部分矿石量是在废石覆盖下放出的。实践证明,在这种条件下进行放矿,如果没有放矿理论做指导,要取得良好的放矿效果是不可能的。放矿理论是合理确定采场结构参数、选择最佳的出矿方案和放矿管理制度的主要依据。底部漏斗放矿结构为固定放矿模式,放矿口不发生移动。矿岩在重力作用下不断从漏斗中放出,从而引起采场内一定范围内矿岩向放矿口移动,其矿岩颗粒位置不断发生变化。采场内矿岩颗粒的移动轨迹、形态和力场就是矿岩移动规律。椭球体放矿理论也是基于底部漏斗放矿实验所揭示的规律建立的。通过研究底部漏斗放矿过程中放出体和松动体的形成和相互关系,建立矿岩颗粒运动的形态方程,并对放出体和松动体进行定量化描述的理论称为放矿理论。底部放矿是放矿学研究的基础。也是放矿结构设计和贫损管理的重要理论依据,底部漏斗放矿过程中,覆岩和矿石接触面小,废石混入的几率小,矿石贫化率相对较低,但对放矿要求高,必须严格执行放矿管理制度才能达到良好的回收效果;否则,回采效果比移动放矿还要差。所以加强有底部结构放矿规律的研究,对保证放矿效果具有重要意义。

本章的目的,是使读者了解在崩落法固定口采场放矿过程中,矿岩移动的基本规律和贫化损失产生的机理,并运用这些规律指导采矿结构参数设计和现场放矿管理。

3.1 椭球体放矿理论的基本概念

3.1.1 单一漏斗放矿矿岩移动规律及形态

有底部结构的放矿,一般是许多漏斗分次顺序放矿或同时放矿,为了更好地了解矿石在覆岩下放矿的规律,首先研究单一漏斗矿岩的放出情况。图 3-1 所示为单漏斗实体放矿模型,其底部开有放矿漏斗口 Ⅰ,在漏斗口下部安有启闭闸门。放矿前首先向模型内装填颗粒均匀的松散矿石,每隔一定高度铺放一层水平彩色标志带 Ⅱ。当装填到 $A—A'$ 水平后,停止装矿,改装松散废石,和之前一样每隔一定高度铺放标志带。待模型装好以后,打开漏斗闸门进行放矿。放矿时发现不是所有的矿石和废石都投入运动,仅仅是位于漏口上部的一部分矿石和废石进入运动状态。这一现象可以透过装在模型正面的玻璃壁观察彩色带的移动状况清楚地看出。随着放矿的进行，这些彩色带对称漏斗轴线 Ox 不断向下弯曲（下降），当其中位于 $A—A'$ 水平和轴线交点上的颗粒 P 到达漏口，此时即表示纯矿石已经放完。大量观察表明，此时以前放出的矿石，它原来在模型内散体中所占的空间位置为一个近似的旋转椭球体，称为放出椭球体 1；AOA' 曲线所包络的漏斗状形体称为放出漏斗 2；$A—A'$ 水平层以上各水平所形成的下凹漏斗称为移动漏斗 3；将各彩色水平带移动边界连结起来所形成的又一旋转椭球体，称为松动椭球体 4。

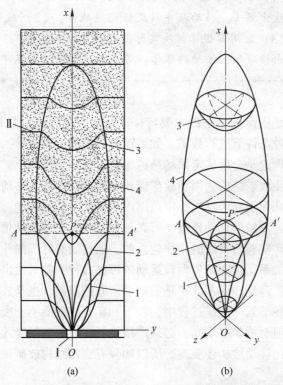

图 3-1　放出椭球体，放出漏斗，移动漏斗和松动椭球体

(a) 纵剖面图；(b) 三维空间图

Ⅰ—放矿漏斗；Ⅱ—彩色标志带；$A—A'$—松散矿石与松散废石接触面；

1—放出椭球体；2—放出漏斗；3—移动漏斗；4—松动椭球体

　　以上这些形体称为散体运动形体。下面分述各运动形体的性质及它们之间的相互关系。

3.1.2　放出椭球体

3.1.2.1　放出椭球体的概念

　　放出椭球体又称放出体，它是指从采场通过漏斗放出的一定大小的松散矿石体积 Q，该体积的矿石不是从采场内任意形体中流出的，而是从具有近似椭球体形状的形体中流出来的。也就是说，放出的矿石在采场内所占的原来空间为旋转椭球体，其下部为放矿漏斗平面所截，且对称于放矿漏斗轴线（图 3-1）。该点可以用下述放矿实体模型实验来证实：

首先向模型内装填松散矿石，装填时按一定的空间位置放置带号的标志颗粒，并作详细记录。装填完毕进行放矿，每放出一定的矿石 Q_1，Q_2，…，Q_5，记下相应放出的标志颗粒，然后根据所放出的标志颗粒，圈绘出放出 Q_1，Q_2，…，Q_5 原来所在的空间位置，即可得到如图 3-2 中虚线所示的轮廓，其形状为下部被放矿口平面所截的椭球体 Ⅰ，Ⅱ，…，Ⅴ。这就是放出椭球体。

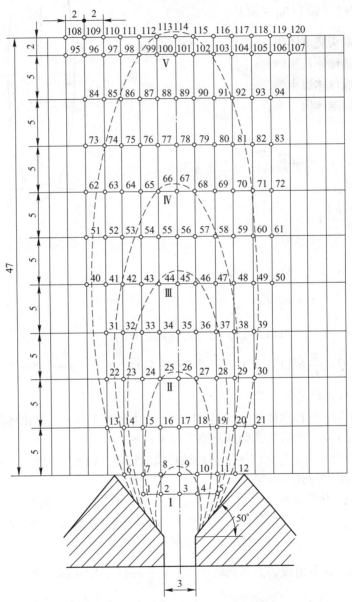

图 3-2　放出椭球体实验

1，2，3，4，5，…—标志颗粒的编号；网格交点—标志颗粒的坐标位置；

Ⅰ～Ⅴ—放出椭球体

由图 3-3 其体积可用式（3-1）求得。

$$Q = \frac{2\pi}{3}ab^2 + V_x = \frac{2}{3}\pi a^3(1 - \varepsilon^2) + V_x$$

(3-1)

$$V_x = \pi\int_{x=0}^{x=na} y^2\mathrm{d}x = \pi\int_{x=0}^{x=na}(a^2 - x^2)\frac{b^2}{a^2}\mathrm{d}x$$

$$= \frac{1}{3}\pi a^3(1 - \varepsilon^2)(3n - n^3) \qquad (3-2)$$

式中　Q ——截头椭球体积，m^3；

a ——椭球体长半轴，m；

b ——椭球体短半轴，m；

ε ——椭球体偏心率；

$n = \dfrac{x}{a}$。

为了应用方便，用被截椭球体高度 h 和放矿
漏斗半径 r 来表示 a：

$$a = \frac{h}{2}\left[1 + \frac{r^2}{h^2(1 - \varepsilon^2)}\right]$$

$$n = \frac{x}{a} = \frac{1 - \dfrac{r^2}{h^2(1 - \varepsilon^2)}}{1 + \dfrac{r^2}{h^2(1 - \varepsilon^2)}}$$

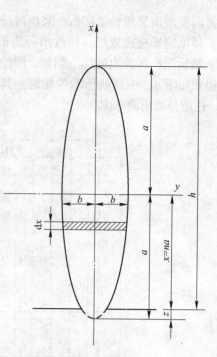

图 3-3　放出椭球体

将 a 和 n 值代入式（3-1）和式（3-2），最后得出：

$$Q = \frac{\pi}{6}h^3(1 - \varepsilon^2) + \frac{\pi}{2}r^2h \approx 0.523h^3(1 - \varepsilon^2) + 1.57r^2h \qquad (3-3)$$

3.1.2.2　放出椭球体形状

自从放出体为旋转椭球体的观点提出以后，许多研究工作者对放出体的形状进一步做
了研究，并得出了不同的看法，归纳起来有以下几种：

（1）认为放出体上部是椭球体下部是抛物线旋转体，如图 3-4 所示。有人还提出了上
部是椭球体下部是圆锥体的意见。

（2）认为放出体的形状在放出过程中是变化的，在高度不大时近似椭球体，随着高
度的增加，下部变为抛物线旋转体，上部仍然是椭球体。若继续增高，其上部变化不大，
中部接近圆柱体，下部是抛物线旋转体，如图 3-5 所示。

其体积应由三部分组成。上部椭球体：$Q_s = \dfrac{2}{3}\pi ab^2$；中间部分圆柱体：$Q_z = \pi b^2(h -$

$a - nh)$；下部抛物线旋转体：$Q_x = \pi\int_0^{nh}2p\left(x + \dfrac{r^2}{2p}\right)\mathrm{d}x = p\pi\left[\left(x + \dfrac{r^2}{2p}\right)^2\right]_0^{nh} = $

$\pi(pn^2h^2 + nhr^2)$。

因此

$$Q = Q_s + Q_z + Q_x = \pi\left[\frac{2}{3}ab^2 + b^2(h - a - nh) + (pn^2h^2 + nhr^2)\right] \qquad (3-4)$$

式中　r——放矿漏斗半径，m；

　　　p——焦参数；

其他符号见图中标注。

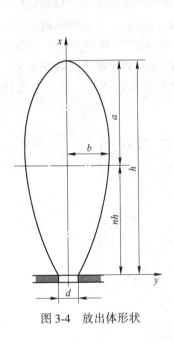

图 3-4　放出体形状

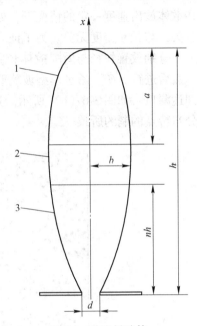

图 3-5　放出椭球体

1—椭球体上半部分 Q_s；2—椭球体中间部分 Q_z；

3—椭球体下半部分 Q_x

（3）认为放出体不是数学上的椭球体，近放矿口区域要伸长些。同时认为当放出体高度超过 20m 时，按式（3-3）计算比较复杂，可去掉式中第二项，其计算误差未超出采矿工程计算中的允许精确度。这样

$$Q = 0.523\, h^3 (1 - \varepsilon^2) \tag{3-5}$$

（4）认为放出体虽然不是数学上的椭球体，但在计算上可以按椭球体公式，且认为它被漏口截去部分与它整个高度相比较小，约为 1.4%~2.0%，因此可以近似地取 $2a = h$ 进行计算，即

$$Q = \frac{4\pi}{3} a b^2 \approx \frac{2\pi}{3} h b^2 \tag{3-6}$$

3.1.2.3　覆盖厚度和颗粒密度对放出的影响

A　常量放出椭球体

椭球体是指在散体性质和放矿口直径不变的情况下，单位时间内所放出的散体体积。它在散体中原来的空间形状为椭球体，且与覆盖层厚基本上无关。也就是说，散体放出体积 Q 只与放出的延续时间 t 成正比，即

$$Q = qt \tag{3-7}$$

式中　q——常量放出椭球体体积，m^3。

散体放出的这一性质与液体的放出性质是有区别的。当液体从容器中放出时，单位时

间内放出的体积是随液面的增高而增加的。了解散体这一放出特性，对今后研究散体放出时的移动过程是有帮助的。

　　B　颗粒密度对放出的影响

　　在散体放出速度一定的情况下，处于运动场内的颗粒的运动速度，只与它原来所处的位置有关，与颗粒密度无关。为了证实这一点，在放矿模型中，于流动轴两侧完全对称的位置上，分别放置粒径与周围散体粒径大致相同的铁质和橡胶质的颗粒，如图 3-6（a）所示，然后进行放矿。透过模型玻璃壁可以观察到，这两种密度悬殊的颗粒在大致相同的时间到达漏口，如图 3-6（b）所示。这主要是由于单个颗粒运动速度受整个散体运动场速度分布特点的制约所致。

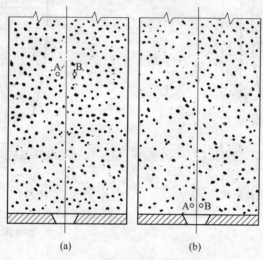

图 3-6　密度不同颗粒放出情况

（a）放出前情况；（b）放出后情况

A—铁质颗粒；B—橡胶质颗粒

3.1.2.4　影响放出椭球体偏心率的主要因素

　　椭球体偏心率反映椭球体的发育程度，越接近圆形的椭球体偏心率越小；椭球体越瘦长，则偏心率越大，椭球体发育越差。椭球体发育越好，放矿时的回收率高，贫化率低。因此，有必要了解放出椭球体的偏心率的影响因素，以便尽量减小放出椭球体的偏心率。

　　A　偏心率对放出体几何形状的影响

　　椭圆方程和它的几何参数之间的关系如下：

$$\frac{x^2}{a^2} + \frac{y^2}{b^2} = 1, \quad \frac{b^2}{a^2} = 1 - \varepsilon^2, \quad \frac{b}{a} = \sqrt{1 - \varepsilon^2}, \quad b = a\sqrt{1 - \varepsilon^2} \tag{3-8}$$

由图 3-7 可知：

　　（1）若偏心率 ε 趋于 0，则 b 趋于 a，椭圆接近于圆，放出体接近于圆球，这时放出体体积最大，从漏斗中所放出的矿石量最大。

　　（2）若偏心率 ε 趋于 1，则 b 趋于 0，椭球体接近于圆筒，放出体呈管状。由此可见，偏心率越小放出体越大，放出纯矿量越多；反之，放出体越小，放出纯矿量越少。所以放出椭球体的大小及形状可以通过它的偏心率的值来表征。也就是说，偏心率可以作为放出椭球体的一个主要特征参数。

实践证明，放出椭球体偏心率值受到放出层高 h 、漏斗口直径 d 、矿石粒级和粉矿含量、矿石湿度、松散程度以及颗粒形状等因素的影响，因此它的大小要通过具体测试才能确定。下面讨论影响偏心率的因素。

B 影响放出椭球体偏心率的因素

（1）偏心率 ε 与椭球体高度 h 、放矿口直径 d 、颗粒组成和粉矿含量之间的关系密切。

根据实验可以得到如图 3-8 所示的偏心率与椭球体高度 h 、放矿口直径 d 、颗粒组成关系图。

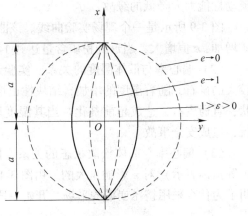

图 3-7　ε 变化与 a 、b 的关系

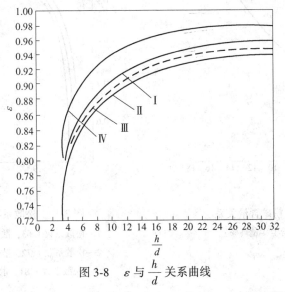

图 3-8　ε 与 $\dfrac{h}{d}$ 关系曲线

曲线 I —粒度为 1~2mm 的圆滑散体；曲线 II —粒度为 2~4mm 的不圆滑散体；
曲线 III —粒度为 1~2mm 的不圆滑散体；曲线 IV —粒度为 1~0mm 并掺有尘土的散体

由图 3-8 可知：

1）随 $\dfrac{h}{d}$ 增加，ε 增大，在 $\dfrac{h}{d}$ 较小时 ε 增长最快，当 $\dfrac{h}{d}$ 的值达到 20~30 时，ε 趋于稳定。这里应当指出，它的稳定的迟早依散体性质和放出条件而异。

2）偏心率一般变化在 0.70~0.99 之间，小值表示散体流动性好。

3）对比曲线 I 和 III，圆颗粒散体的 ε 值比不圆的颗粒组成的散体 ε 大；再对比曲线 II 和 III，细粒散体的 ε 值又大于粗粒散体的 ε 值。这是因为圆滑颗粒组成的散体和细粒散体之间的总接触表面积大，使散体联结强度相应增加，所以其流动性能相应减少。

4）粒度为 1~0mm 并掺有尘土的散体 ε 值最大，这是由于尘土具有黏结性，散体的流动性能大大降低的缘故。

图 3-9 所示是一个现场实验曲线。该曲线表明，随着崩落矿石中含小于 0.05mm 细粉矿增加，ε 值增大，当这种粉矿含量达到 14% 时，ε 大于 0.981。

（2）偏心率与散体湿度的关系。实验证明，湿度对 ε 的影响很大，特别是尘土含量较大的矿石，随着湿度的增加，结块性也增加，放矿时在漏斗口上形成空洞或者"烟筒"状，直通废石，造成超前贫化。当其湿度增到 25% 时，可能达到饱状态，形成井下泥流，造成安全事故。

（3）偏心率与散体松散状态的关系。散体的松散状态（可用松散系数、压实度或容重等指标表示）对 ε 影响是大的。由图 3-10 可知，随着松散系数的减少，ε 增加。这就说明了为什么采用挤压崩矿的采场，开始一段时间内放矿发生困难的原因。

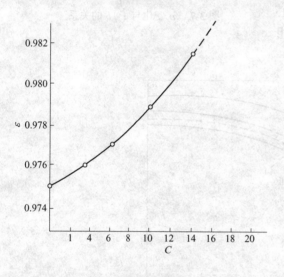

图 3-9　ε 与粉矿含量关系

C—矿石中粉尘含量（%）

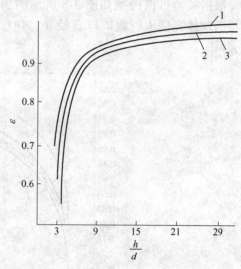

图 3-10　松散系数对 ε 的影响

1—松散系数 1.63，散体容重 1.90g/cm³；

2—松散系数 1.72，散体容重 1.82g/cm³；

3—松散系数 1.81，散体容重 1.70g/cm³

3.1.2.5　放出椭球体的性质及放出时的过渡关系

A　放出椭球体的性质

大量实验研究表明，放出椭球体具有以下几个特性：

（1）位于放出椭球体表面上的颗粒同时从漏口放出。这一结论可以从如下实验得到，实验过程如图 3-11 所示。

实验时，在模型一定高度的水平层放置一些标志颗粒 0，Ⅰ，Ⅱ，…，在放出散体时，详细记录各标志颗粒的移动轨迹和下降速度，并将结果描成如图 3-11 所示的图形，然后将同时到达漏口的颗粒点连结起来。如颗粒 0 经过 17 次记录到达漏口，沿颗粒 Ⅱ 的轨迹由漏口起向上数到 17 次记录位置，便可得到与颗粒 0 同时到漏口的一个点位。如此类推，可以找出其余各颗粒与颗粒 0 同时到达漏口的点位。最后将所有同时到达漏口的点位连结起来，便可绘出一个椭球体轮廓，图 3-12 所示就是放出椭球体。所以放出椭球体

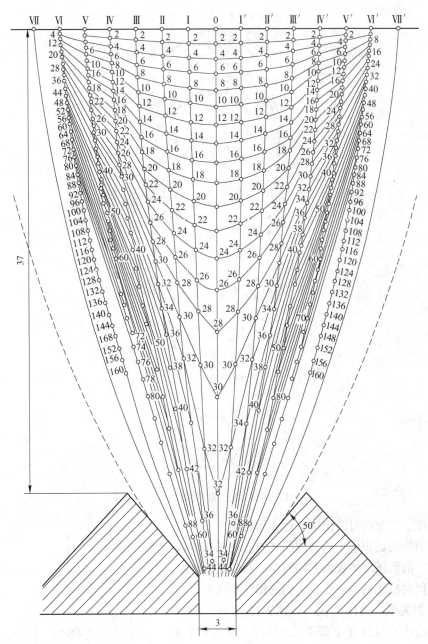

图 3-11 颗粒移动轨迹与下降速度

I，II，……—标志颗粒；1，2，……—颗粒移动时间（s）

可以理解为由位于其表面上同时到达漏口的颗粒所组成的形体。

应当指出："放出椭球体表面颗粒同时从漏口放出"这一性质是极其重要的，可以说这是整个椭球体放矿理论的核心。

（2）放出椭球体下降过程中其表面上的颗粒相关位置不变。这是椭球体放矿理论又一重要原理。这个原理是从"放出椭球体表面颗粒同时从漏口放出"这一性质派生出来的。它的具体含义是：随着放出椭球体内的散体从漏口放出，放出椭球体从一个高度下降

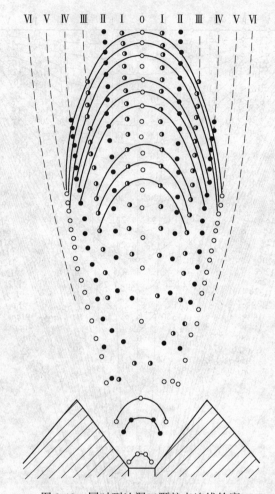

ⅥⅤⅣⅢⅡⅠ〇ⅠⅡⅢⅣⅤⅥ

图 3-12　同时到达漏口颗粒点连线轮廓

至另一高度，与此同时放出椭球体表面相应地收缩变小过渡为另一表面积较小的新的椭球体。在椭球体收缩过渡时，前后椭球体表面上相对应的颗粒点的相对距离必须同时按比例地缩小，它们的相对距离要保持原来的比例关系。具体地说，如图 3-13 所示，由高度为 h 的放出椭球体 1 下降至高度为 h_1 的椭球体 3 后，处于椭球体 1 上的某颗粒点 A 也随着由高度 x 过渡到椭球体 3 上的 A_1 位置，此时它的高度为 x_1。所谓相关位置不变原理，就是保持以下关系：

$$n = \frac{x}{h} , \quad n = \frac{x_1}{h_1}$$

这样

$$\frac{x}{h} = \frac{x_1}{h_1} = \cdots = n \tag{3-9}$$

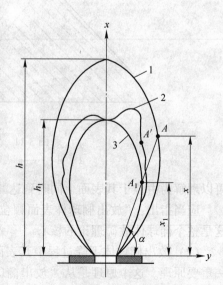

图 3-13　放出椭球体过渡关系

式中　　n ——放出椭球体过渡相关指数。

假如不保持 $\dfrac{x}{h} = \dfrac{x_1}{h_1} = \cdots = n$ 关系，那么颗粒 A 可能过渡到 1 和 3 之间的某放出体 2 上的 A' 位置。在这种情况下要实现放出椭球体 1 上所有表面颗粒同时放出显然是不可能的。所以相关指数不变是"同时放出"的保证条件。

（3）放出椭球体放出过程中表面颗粒不相互转移原理。随着散体的放出，放出椭球体表面不断收缩变小，最后从漏口同时放出，所以其表面上的颗粒必然不可能相互转移。否则就破坏了相关位置不变原则。

应当指出，上面所阐述的几个原理，有以下几点要进一步明确：

（1）"放出椭球体表面颗粒同时从漏口放出"这一原理的"同时放出"，没有明确的时间含义。如果将它理解为"一齐放出"或"同　时刻放出"，那么就会发生以下问题：当放矿漏口尺寸一定时，随放出高度增加而增加的椭球表面的颗粒总体积超过了漏口能"一齐放出"的允许限度，要实现"一齐放出"显然是不可能的。

（2）"放出椭球体表面收缩变小"只能是组成其表面的颗粒必须具有收缩性才能实现，而实际上矿石颗粒都是较坚硬的固体，通常情况下是不能压缩的，更不可能压缩到从漏口一齐放出。

（3）如图 3-13 所示，放出体 3 是由放出体 1 缩小而来的，其表面积比 1 小，这样放出体的表面怎么能容下放出体 1 落下来的全部颗粒呢？

要解释清上面提出的问题，只有通过研究放出体的过渡方式才能解决。

B　放出椭球体移动时的过渡方式

由于散体颗粒是刚体，放出体要在下降过程中缩小其表面积，只有挤出一些颗粒。而那些被挤出的颗粒将重新排列组成新的放出椭球体，如图 3-14 所示。

从此可以得出以下结论：

（1）放出椭球体在移动过程中不断挤出颗粒，形成新的放出椭球体；

（2）随着矿石的放出，被挤出的颗粒不断增加，好比放出椭球体表层不断增厚；

（3）颗粒被挤出后形成的椭球体彼此不相似，放出椭球体的偏心率随放出高度的变化而变化，所以新形成的高度不同的椭球体的偏心率不应相等，彼此不应相似；

（4）由于高度不同的放出椭球体的偏心率不相等，所以放出椭球体的表层厚度是不均匀的，其上部最厚，下部最

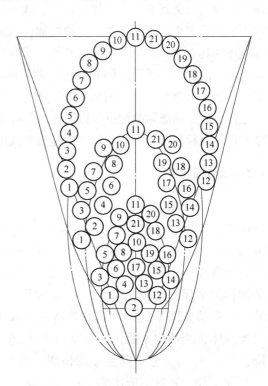

图 3-14　放出体收缩过程中颗粒重新排列图
（图中数字表示颗粒编号及位置）

薄，如图 3-15 所示。所以一般讲，放出体厚度应是指其平均厚度而言；

（5）散体放出过程中受各种因素的影响，如颗粒大小形状不一、散体各部位密度不均、内摩擦力作用方向和大小变化等，这样单个颗粒的移动往往有随机性，难以完全遵守式（3-9）和图 3-15 所要求的原则。如将单个颗粒与其周围颗粒结合作为单元体来考察，所示的 abcd "颗粒集合单元体"。在移动过程中，由 abcd 变化到 a'b'c'd'，其面积 S（实际应为体积，此处作平面问题处理）不变（即 $S_1 = S_2$），只改变其形状，即 ad 和 cb 边增大，ab 和 cd 边缩短，从此处可以清楚地看出放出椭球体移动过程收缩变厚的过程；

（6）若进一步将"颗粒集合单元体"抽象为颗粒点，将放出椭球体表层厚度抽象为线，这样放出椭球体移动时的过渡方式就可以遵守式（3-9）：$\dfrac{x}{h} = \dfrac{x_1}{h_1}$ = … = n 所示的关系进行了。

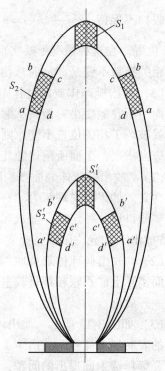

图 3-15　放出椭球体过渡方式

C　"同时从漏口放出"的具体含义

综上所述，关于放出椭球体表面上所有颗粒同时从漏口放出的含义就清楚了：放矿开始，放出椭球体表面不断收缩变小，其厚度也相应地增加，当它的内表面缩小到其上的颗粒从漏口放出开始，一直延续到放完放出椭球体表层所包含的全部颗粒为止这一段时间，就是"同时放出"的具体含义。由此可见，所谓"同时"不是"一齐"的意思，而是指一个"时间区间"或"一段时间"而言。

这样，放出椭球体的性质可以这样来精确表达：放出椭球体是由在一段时间内自漏口相继放出的颗粒所组成，这段时间就是放完放出椭球体表层所有颗粒所需的时间。

3.1.3　松动椭球体

3.1.3.1　散体二次松散过程

所谓二次松散是相对于放出前的第一次松散状况而言的，是指散体从采场放出一部分以后，为了填充放空的容积，在第一次松散（固体矿岩爆破以后发生的碎胀）的基础上所发生的再一次松散。其发生的过程是：当从漏口放出常量椭球体积 q 后，散体为了保持平衡将由 2q - q 的散体补充它所留下的空间，如图 3-16 所示。继续放出，移动范围不断扩大，各种高度的放出椭球体不断下降。现设有体积为 8q 的放出椭球体，当放出 q 后，它下降至 7q 位置，放出 2q 后，下降至 6q 位置，如此依次下降。放出 7q 后，它下降至 q 的位置，最后全部放出。这样散体放出过程可以概括为，从漏口放出 q 后，依次为 2q - q，3q - 2q，…不断补充的过程。同时在此过程中，散体移动范围不断扩大。

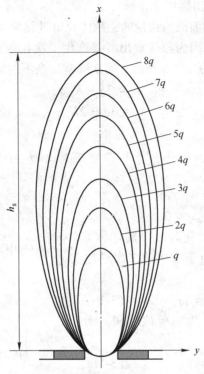

图 3-16　散体二次松散过程

3.1.3.2 松动椭球体的形成与二次松散系数

实验证明，散体从单漏斗放出时，并不是采场内所有散体都投入运动，而只是漏口上一部分颗粒进入运动状态。散体产生运动的范围与形状可以通过放矿模型看出。实验时，在模型内按一定高度铺彩色水平带，放出时可以透过模型玻璃壁明显地看清彩色带的移动范围，如图 3-17 所示。将移动范围连起来，其形状近似于椭球体，称为松动椭球体，也称松动体。

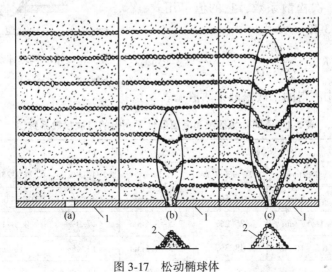

图 3-17　松动椭球体

（a）放出前；（b）放出小部分矿石后；（c）放出较多矿石后

1—放矿模型；2—放出矿石堆

二次松散系数 K_{ss} 与放出椭球体体积与松动椭球体体积有关。一般用它的大小来表示散体二次松散的程度。如前面所讨论的，散体放出过程为 $2q-q$，$3q-2q$，…不断补充的过程。其实不完全是这样，因为散体放出时要产生二次松散，故在 $2q-q$ 递补之后，余下的空间不是 q，而是 $2q-K_{ss}q$，依此类推。每次降落后余下的空间 Δ 为：

$$\Delta_1 = 2q - K_{ss}q$$
$$\Delta_2 = 3q - 2K_{ss}q$$
$$\vdots$$
$$\Delta_{n-1} = nq - (n-1)K_{ss}q$$

这个过程如图 3-18 所示。

最后余下的空间 $\Delta_{n-1} = 0$，亦即

$$nq - (n-1)K_{ss}q = 0$$

松动椭球体停止扩展，此时放出椭球体 q 所留下的空间被移动带内由于散体的二次松散而膨胀的体积补充，即

$$K_{ss}q(n-1) = nq \qquad (3-10)$$

若取放出的延续时间 t 为一单位时间，则 $Q = q$，此时

$$K_{ss}Q(n-1) = nQ \qquad (3-11)$$

式中　Q——放出椭球体积；

nQ——放出散体 Q 以后的最终松动椭球体积 Q_s。

于是：

$$Q_s = \frac{K_{ss}}{K_{ss}-1}Q \qquad (3-12)$$

式中　K_{ss}——二次松散系数，它的值可用式（3-13）表示：

$$K_{ss} = \frac{Q_s}{Q_s - Q} \qquad (3-13)$$

在模型实验中测得的二次松散系数值见表 3-1。

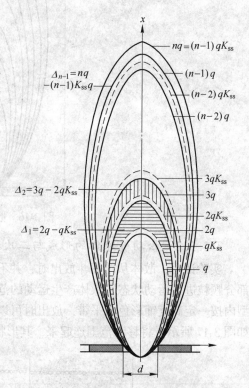

图 3-18　松动椭球体及其扩展过程

表 3-1　不同颗粒级配和装填条件下测得的二次松散系数值

散体介质	风干的铜矿石		风干的磷矿石		砂　子	
颗粒级配	0~2mm	9%	<1mm	16.8%	<0.25mm	32%
	2~4mm	17.5%	1~2.5mm	40.5%	0.25~0.5mm	38%
	4~6.7mm	25.2%	2.5~3.5mm	17.9%	0.5~1mm	21%
	6.7~10mm	48.3%	3.5~4.5mm	13.4%	1~5mm	9%
			4.5~10mm	11.4%		
模拟比	1：100		1：100			

散体介质	风干的铜矿石				风干的磷矿石	砂　子
装填松散系数	1.5	1.6	1.7	1.78	平均 1.57	
二次松散系数	1.274	1.167	1.104	1.05	1.12~1.15	1.1~1.2，平均 1.15
极限松散系数	1.91	1.87	1.88	1.87		

从表 3-1 可以看出，随散体介质的物理力学性质、颗粒级配和一次松散系数的不同，二次松散系数是一个变数，变化在 1.05~1.274 之间。二次松散系数是随着块度和压实度的增大而增大的。实际崩落采场下放矿时的二次松散系数值，应该通过现场实验测定。

3.1.3.3　极限松散系数

实验指出，在放矿过程中，松散矿岩经过一、二两次松散以后，将达到某一松散极限，我们把这种松散称为极限松散，并用极限松散系数来表示：

$$K_j = K_s \cdot K_{ss} \tag{3-14}$$

式中　K_j——极限松散系数，在散体块度和湿度相近的情况下，不同矿石极限松散系数的值大致相等；

其余符号同前。

3.1.3.4　松动椭球体与放出椭球的关系及松动椭球体的性质

松动椭球体与放出椭球体的体积与二次松散系数有关系。二次松散系数越大，松动椭球体体积也越大。

A　松动椭球体与放出椭球体关系

从 $Q_s = \dfrac{K_{ss}}{K_{ss} - 1} Q$ 可以确定两者之间的数量关系。只要二次松散系数知道了，它们的关系也就确定下来了。对一般坚硬的矿石可取 $K_{ss} = 1.066 \sim 1.100$，这样：

$$Q_s = (11 \sim 16)Q \tag{3-15}$$

松动椭球体与放出椭球体高度关系可从式（3-15）得出。现取 $Q_s = 15Q$，则

$$Q_s = 15\left[\frac{\pi}{6} h^3 (1 - \varepsilon^2) + \frac{\pi}{2} hr^2 \right] \tag{a}$$

$$Q_s \approx \frac{\pi}{6}(1 - \varepsilon_s^2) H_s^3 \tag{b}$$

式中　ε_s——松动椭球体的偏心率；

H_s——松动椭球体高。

于是得：

$$H_s = \sqrt[3]{\frac{6Q_s}{\pi(1 - \varepsilon_s^2)}} \tag{c}$$

同时，近似取

$$Q \approx \frac{\pi}{6} h^3 (1 - \varepsilon^2) \tag{d}$$

则：

$$Q_s = 15Q = 15\left[\frac{\pi}{6}h^3(1 - \varepsilon^2)\right] \tag{e}$$

将式（e）代入式（c），得：

$$H_s = 2.46h\sqrt[3]{\frac{1 - \varepsilon^2}{1 - \varepsilon_s}} \tag{f}$$

再将 $\sqrt[3]{\dfrac{1 - \varepsilon^2}{1 - \varepsilon_s}}$ 近似地取作 1，就得出：

$$H_s = 2.46h \approx 2.5h \tag{3-16}$$

此式表示松动椭球体高为放出椭球体高的 2.5 倍。

由上所述可以看出，松动椭球体与放出椭球体在体积和高度上的数量关系，是按二次松散系数 $K_{ss} = 1.071$ 的条件下取得的。若二次松散系数不同，它们之间的数量关系也应该不同。

B 松动椭球体性质

（1）松动椭球体体积是放出时间的函数，即

$$Q_s = \frac{K_{ss}}{K_{ss} - 1}S_0 v_p t \tag{3-17}$$

式中 S_0——放矿漏斗口横断面积，cm^2；

v_p——散体平均流速，cm/s；

t——放出时间，s。

（2）影响松动椭球体偏心率的因素与影响放出椭球体偏心率的因素基本相同。

（3）松动椭球体的母线就是移动散体和静止散体的交界线，即松动椭球体之外颗粒处于静止状态。

C 松动椭球体内颗粒运动速度分布规律

散动椭球所包络的范围就是颗粒运动场，该场内颗粒移动速度各部位是不相同的，其特点是，越接近流动轴和放出水平速度越大，这个特点可以用图 3-19 来表示。从该图可以看到，各水平层上的移动漏斗参数不一。移动漏斗最大直径等于松动椭球体过该水平的截面直径。上部移动漏斗的深度、直径与体积均小，到松动椭球体顶点时都为零；中部移动漏斗直径最大；下部移动漏斗深度最大。各移动漏斗的形状表明各水平层中颗粒垂直下降的速度和移动的距离。

利用松动椭球体内这一现象，可以发现又一种运动形体——等速椭球体。

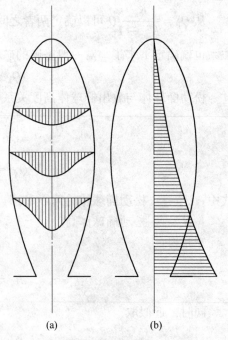

(a)　　　　　　(b)

图 3-19 松动椭球体内颗粒运动速度分布图

（a）各水平层上的速度分布；（b）流动轴上的速度分布

3.1.4 等速椭球体

把松动椭球体场内垂直下降速度（下降速度的垂直分量）相同的各点连接起来，可以得出许多等速线。这些线所包络的形状近似于椭球，称为等速椭球体，又称为等速体，如图 3-20 中标注 5 所示。

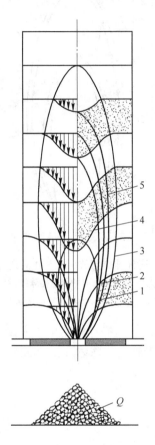

图 3-20　松动椭球体内的移动漏斗和等速椭球体

1—放出椭球体；2—放出漏斗；3—松动椭球体；4—移动漏斗；5—等速椭球体；Q—放出矿石堆

等速椭球体是椭球体放矿理论的重要组成部分，运用它可求出颗粒垂直下降速度、颗粒移动轨迹方程以及放出漏斗的母线方程。

3.1.4.1 等速椭球体的性质

（1）等速椭球体与放出椭球体一样，在散体放出过程中也是由一个向另一个过渡的。位于它表面上所有颗粒始终以相同的垂直速度向下运动，它的下部的表面颗粒被放出以后，随着散体的放出又组成新的等速椭球体。

（2）等速椭球体与放出椭球体的区别是，等速椭球体表面颗粒垂直降落速度相等，但它们到达漏口的时间却不相同；而放出椭球体表面颗粒下降速度不同，而到达漏口的时间相同。

（3）等速椭球体与放出椭球体的关系。当放出椭球体与等速椭球体同高时，由于放出椭球体顶点的速度等于等速椭球体表面各点的速度，根据放出椭球体和等速椭球体的性质，放出椭球体表面一定在等速椭球体表面之外，如图 3-21 所示。

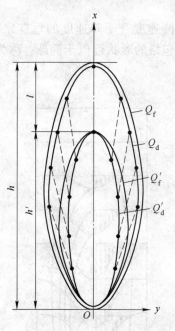

图 3-21　等速椭球体与放出椭球体同高时的关系

Q_f —高度为 h 时的放出椭球体；Q_d —高度为 h 时的等速椭球体；Q_f' —高度为 h' 时的放出椭球体；

Q_d' —高度为 h' 时的等速椭球体

这样放出椭球体的偏心率 ε_f 比等速椭球体的偏心率 ε_d 小。正是由于这个原因，当两者过同一点 B 时，等速椭球体高于放出椭球体（图 3-22）。在放出过程中，这个交点一直保持到最后放出。

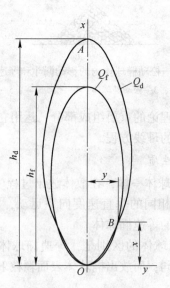

图 3-22　等速椭球体与放出椭球体过同一点时的关系

h_f —放出椭球体 Q_f 的高；h_d —等速椭球体 Q_d 的高；B —放出椭球体与等速椭球体的交点；x —交点 B 的高

3.1.4.2 等速椭球体的偏心率

由图 3-21 可知，当从漏斗口放出一定散体后，两者的高度同时从 h 下降至 h'，行程为 l。由于是放出相同矿量，故式（a）应该成立：

$$
\left.
\begin{aligned}
Q_{hd} - Q_{h'd} &= Q_{hf} - Q_{h'f} \\
Q_{hd} - Q_{hf} &= Q_{h'd} - Q_{h'f}
\end{aligned}
\right\}
\tag{a}
$$

式中　Q_{hd}，$Q_{h'd}$——等速椭球体放出前和后的体积，m^3；

　　　Q_{hf}，$Q_{h'f}$——放出椭球体放出前和后的体积，m^3。

由于在这种情况下，等速椭球体偏心 ε_d 大于放出椭球体偏心率 ε_f，所以从式（a）可以得出：

$$
\varepsilon_{hd}^2 - \varepsilon_{hf}^2 = \varepsilon_{h'd}^2 - \varepsilon_{h'f}^2
\tag{b}
$$

式中　ε_{hd}，$\varepsilon_{h'd}$——高度为 h 和 h' 的等速椭球体偏心率；

　　　ε_{hf}，$\varepsilon_{h'f}$——高度为 h 和 h' 的放出椭球体偏心率。

由式（b）可知，等速椭球体的偏心率也是变化的，其变化规律和放出椭球体的偏心率相同。

在放出高度足够大时，等速椭球体和放出椭球体的偏心率相近，且都趋于稳定。

利用等速椭球体表面上颗粒垂直下降速度相等的性质，就可以很方便地求出散体运动场内任意一点的运动速度。因为只要研究流动轴上任一颗粒点运动速度，就可得出过该点的等速椭球体表面所有颗粒的速度。如图 3-22 所示，过运动场内任意点 B 作一等速椭球体，该等速椭球体的顶点交流动轴 Ox 于 A。假如求得 A 点的运动速度，也就同时求得了 B 点的运动速度，而处在流动轴上 A 点的运动速度是不难求得的。

3.2　崩落矿岩的运动规律

3.2.1　松动带内颗粒下降速度

3.2.1.1　流动轴上的颗粒下降速度

流动轴线上的颗粒下降速度是很容易求得的。设放矿漏口流动面积为 S_0，散体的平均流速为 v_p，放出时间为 t，根据式（3-3）：$Q = \dfrac{\pi}{6}h^3(1 - \varepsilon^2) + \dfrac{\pi}{2}r^2h \approx 0.523h^3(1 - \varepsilon^2) + 1.57r^2h$，可得出：

$$
S_0 v_p t = \frac{\pi}{6}h^3(1 - \varepsilon^2) + \frac{\pi}{2}r^2 h
$$

取微分后，写成：

$$
S_0 v_p \mathrm{d}t = \frac{\pi}{2}h^2(1 - \varepsilon^2)\mathrm{d}h + \frac{\pi r^2}{2}\mathrm{d}h
$$

于是得任意高度流动轴上的颗粒下降速度：

$$
v = \frac{\mathrm{d}h}{\mathrm{d}t} = \frac{S_0 v_p}{\dfrac{\pi}{2}h^2(1 - \varepsilon^2) + \dfrac{\pi r^2}{2}}
\tag{3-18}
$$

以 $S_0 = \dfrac{\pi d^2}{4} = \pi r^2$ 代入式（3-18），就得：

$$v = \frac{v_p}{2(1 - \varepsilon^2)\dfrac{h^2}{d^2} + \dfrac{1}{2}} \tag{3-19}$$

式中 v ——流动轴 Ox 上任意高度的颗粒下降速度。

    因为放出椭球体顶点在同一高度上的上升与下降速度的绝对值相等而方向相反。计算式（3-19）时，差了一个负号，本书标明"下降速度"以代替负号，所以式中未加负号。

    从式（3-19）可知：（1）流动轴上的颗粒速度与 $\dfrac{h}{d}$ 成反比，当颗粒到达漏口，即 $h = 0$ 时，$v = 2v_p$，流速最大，为平均流速的 2 倍；（2）流动轴上的下降速度与平均速度 v_p 成正比。

3.2.1.2 松动带内任意颗粒点的下降速度

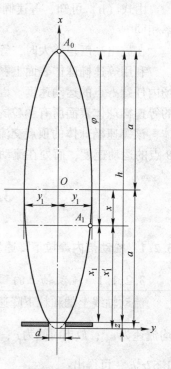

    解决这个问题时，可利用等速椭球体表面所有颗粒下降速度的性质。因为只要知道了它表面上任意一点的速度，就可求得等速椭球体的降落速度。如图 3-23 所示，过运动场内任一点 A_1 作等速椭球体，并使它的顶点 A_0 与流动轴相交。如前所述，流动轴上的颗粒点 A_0 可以利用式（3-19）求得。

    首先求出 A_0 与放矿口距离。

    当坐标原点为椭圆中心时，椭圆方程为：

$$\frac{x^2}{a^2} + \frac{y^2}{b^2} = 1 \tag{a}$$

$$\frac{y^2}{b^2} = 1 - \frac{x^2}{a^2} \tag{b}$$

$$a^2 \frac{y^2}{b^2} = a^2 - x^2 = (a + x)(a - x) \tag{c}$$

因为

$$b^2 = a^2(1 - \varepsilon^2) \tag{d}$$

所以将式（d）代入式（c）得：

$$\frac{y^2}{1 - \varepsilon^2} = (a + x)(a - x) \tag{e}$$

图 3-23 利用等速椭球体求
任一颗粒点下降速度

现将坐标原点由等速椭圆面几何中心移到放出口中心上。由图 3-23 可知：

$$x_1' = a - x \tag{f}$$

$$\varphi = a + x \tag{g}$$

$$y = y_1 \tag{h}$$

将式（f）、式（g）、式（h）三式代入式（e），得：

$$\frac{y_1}{1-\varepsilon^2} = x_1'\varphi$$

$$\varphi = \frac{y_1^2}{x_1'(1-\varepsilon^2)} \tag{i}$$

式中　φ——速度相位差，由于 A_0 和 A_1 两颗粒点速度相等，此值在整个运动期间始终不变。

若式（i）中的 x_1' 用 A_1 与放出口水平之间的距离 x_1 代替，实际上已足够精确，所以可写成：

$$x_1 = x_1' \tag{j}$$

将式（j）代入式（i），得：

$$\varphi = \frac{y_1^2}{x_1(1-\varepsilon^2)} \tag{3-20}$$

这样 A_0 与放出口的距离等于：

$$h = x_1 + \varphi = x_1 + \frac{y_1^2}{x_1(1-\varepsilon^2)} \tag{3-21}$$

再将式（3-21）代入式（3-19）中，最后得出运动场内任意一点的下降速度方程：

$$v = \frac{v_p}{2\dfrac{1-\varepsilon^2}{d^2}\left[x_1 + \dfrac{y_1^2}{x_1(1-\varepsilon^2)}\right]^2 + 0.5} \tag{3-22}$$

将 x_1 和 y_1 换成流动坐标，则：

$$v = \frac{v_p}{2\dfrac{1-\varepsilon^2}{d^2}\left[x + \dfrac{y^2}{x(1-\varepsilon^2)}\right]^2 + 0.5} \tag{3-23}$$

利用式（3-23）可以求出运动场内所示各水平层的"横向速度图"和沿流动轴的"纵向速度图"。因为当某水平层 x 值已知后，取不同的 y 值，就可求得该水平的"横向速度分布图"；当颗粒位于流动轴 y 上，即取 $y=0$ 时，取不同 x 值，就可求得"纵向速度分布图"。

3.2.1.3　影响颗粒下降速度的因素

A　散体颗粒粒径对运动速度的影响

生产实践证明，颗粒粒径对放矿速度影响很大。根据实验资料，在放矿口直径 1.5m 时，它们的关系见表 3-2。

表 3-2　散体粒径与放出速度

加权平均粒径/m	散体放出速度/m·s^{-1}
0.180	0.0320
0.195	0.0300
0.215	0.0250
0.235	0.0214
0.395	0.0124

从表 3-2 可以看出，随着散体粒径的增加，放出速度减小，其关系可用以下经验公式表示：

$$v = 0.004d^{-1.2} \tag{3-24}$$

式中　v——散体放出速度，m/s；

　　　d——散体加权平均粒径，m。

B　放矿口直径与放出速度之间的关系

这可以从散体放出速度与放出口直径关系看出。图 3-23 是用 1~2mm 的砂子作散体材料，然后在不同直径的放矿口进行放出实验的条件下得出的。实验证明，散体放出速度与放出口直径成正比关系。

C　散体粒级组成对放出速度影响

实验证明，假如散体颗粒不均匀，小颗粒的粒径小于大颗粒之间的间隙的 1/3 以下时，那么，放矿时小颗粒将穿过大颗粒之间的间隙以较快的下降速度从漏斗口放出。如果小颗粒是覆盖废石，则造成超前贫化。由此可见，前面讨论的颗粒下降速度及其计算公式，是在散体颗粒比较均匀的条件下得出的。

3.2.2　松动带内颗粒运动轨迹

在研究颗粒运动的轨迹时，仍旧应用如图 3-23 所示的等速椭球体原理，由于颗粒运动相位差 φ 不变，对于 A_1 点的任意两个位置，可以写成：

$$\varphi = \frac{y_1^2}{x_1(1 - \varepsilon^2)} \quad \text{及} \quad \varphi = \frac{y_2^2}{x_2(1 - \varepsilon^2)}$$

这样

$$\frac{y_1^2}{x_1(1 - \varepsilon^2)} = \frac{y_2^2}{x_2(1 - \varepsilon^2)}$$

若就 y_2 求解，则：

$$y_2 = y_1\sqrt{\frac{x_2}{x_1}} \tag{3-25}$$

将 x_2、y_2 换成流动坐标 x、y，x_1、y_1 换成起始坐标 x_0、y_0，就可得到颗粒运动轨迹的一般方程

$$y = y_0\sqrt{\frac{x}{x_0}} \tag{3-26}$$

式（3-26）表明，颗粒运动轨迹是抛物线。

这里应当指出的是，式（3-25）中，当 $x_1 = 0$ 时（即放矿口上的颗粒），y_2 就为无穷大，这是因为上述计算中，曾用 x_1 代替了 x_1'，并以 x_1 大于漏斗半径 r 为前提的。假如用 $x_1 + z$ 代替 x_1'，就可以得到准确的求迹方程：

$$y_2 = \sqrt{\varphi(x_1 + z)(1 - \varepsilon^2)} \tag{3-27}$$

当 $x_1 = 0$ 时，

$$y_2 = \sqrt{\varphi z(1 - \varepsilon_2)}$$

再假如以 $\dfrac{r^2}{h(1-\varepsilon^2)}$ 代替 z ，则

$$y_2 = \sqrt{\dfrac{\varphi r^2}{h}} \tag{3-28}$$

3.2.3 放出漏斗

3.2.3.1 放出漏斗的概念

所谓放出漏斗是指单漏斗放矿过程中由于松散矿岩接触面不断下降和弯曲形成的漏斗。当其顶点到达漏口，即如图 3-24 所示的矿岩接触面与流动轴 Ox 的交点 O 到达漏口时，表示纯矿石已经放完，若继续放矿，将出现废石。而所形成的漏斗 AOA' 称为放出漏斗，该漏斗对称于流动轴 Ox。

3.2.3.2 放出漏斗的形成过程

放出漏斗的形成过程，可以应用前述的放出椭球体过渡时相关位置不变的原理来解释。如图 3-24 所示，当放出纯矿石量 Q 以后，形成放出椭球体 Q 及各种高度下的移动椭球体 Ⅰ、Ⅱ、Ⅲ、Ⅳ、Ⅴ。设矿岩接触面 A—A' 与放出椭球体相切于 O 点，与各移动椭球体分别相交于 1、2、3、4、5 各点。由于放出了散体 Q，所以放出体的顶点必定到达了漏口，各移动椭球体与接触面的交点 1、2、3、4、5 也必然下降至 $1'$、$2'$、$3'$、$4'$、$5'$，而 1—$1'$、2—$2'$、3—$3'$、4—$4'$、5—$5'$ 就是各移动椭球体按相关位置不变原理移动时各点的移动轨迹，将各降落点 $1'$、$2'$、$3'$、$4'$、$5'$ 连接起来便是放出漏斗母线。对于这一现象也可以作这样的理解：将位于任一水平上移动时间相同（或放出量相等）的点连结起来便是移动漏斗曲线，而放出漏斗母线就是矿岩接触水平层上各颗粒在放出纯矿石 Q 这段时间内移到新位置的连线。

3.2.3.3 放出漏斗性质

A 放出漏斗体积

单漏斗放矿时放出漏斗的体积和放出椭球体体积以及放出纯矿石体积近似地相等，即

$$Q_1 \approx Q \approx Q_f \tag{3-29}$$

式中 Q_1——放出漏斗体积，m^3；

Q_f——放出纯矿石体积，m^3。

之所以三者只能近似相等，是因为放出过程中散体发生了二次松散和放出后的体积往

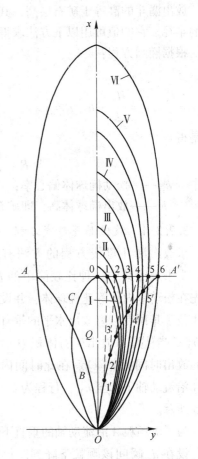

图 3-24 放出漏斗的形成过程
C—放出椭球体；B—放出漏斗母线；
Ⅰ~Ⅴ—各种高度的移动椭球体；Ⅵ—松动椭球体

往是根据矿石重量折算而得的。

B　放出漏斗形状

放出漏斗的形状取决于漏斗母线曲率。一般它的曲率半径是很大的，并由以下因素决定：

（1）散体流动性好，放出体偏心率小，母线曲率半径大；

（2）放矿层高度大，曲率半径减小，母线与原矿岩接触面交汇处也较平缓。

C　放出漏斗的最大半径 R 及高 h

放出漏斗的高等于矿石层高，其半径等于松动椭球体和矿岩接触面相截的横断面——圆的半径。它的值可用以下方法求得。

根据椭圆方程：

$$y^2 = (a^2 - x^2)(1 - \varepsilon^2)$$

令 $a = \dfrac{H_s}{2}$，$x = \dfrac{H_s}{2} - h$，$R = y$

于是得：

$$R = \sqrt{(H_s - h)h(1 - \varepsilon_s^2)} \tag{3-30}$$

式中　ε_s——松动椭球体偏心率；

h——放出椭球体高，即矿石层高，m。

3.2.3.4　放出漏斗母线方程

求放出漏斗母线方程的方法有好几种，本书采用其中一种比较简单的方法。首先在松动带内作等速椭球体，并设某颗粒 A 位于其顶点，离放出水平的垂直距离为 h_2。当从漏口放出矿石体积 Q 后，所用的放出时间为 $t(\mathrm{s})$。在此时间内，颗粒 A 沿流动轴下降至 h_1，行程为 l，如图 3-25 所示。

为了求颗粒 A 沿流动轴的垂直下降速度，设在 d_t 瞬间该颗粒下降到距放出水平的垂直高为 x，则行程应该为 $h_2 - x$，其运动速度为：

$$\frac{\mathrm{d}(h_2 - x)}{\mathrm{d}t} = -\frac{\mathrm{d}x}{\mathrm{d}t}$$

也可以用下式表示：

$$-\frac{\mathrm{d}x}{\mathrm{d}t} = \frac{v_p}{2(1 - \varepsilon^2)\dfrac{x^2}{d^2} + 0.5}$$

或者

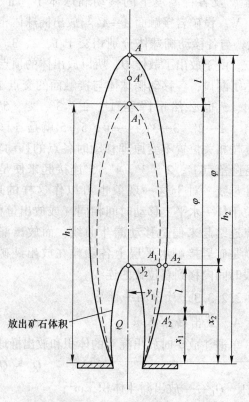

图 3-25　放出漏斗母线方程求算图

Q—t 时间内放出矿石体积；l—t 时间内颗粒下降距离

$$\left[2(1-\varepsilon^2)\frac{x^2}{d^2}+0.5\right]dx=-v_p dt$$

求 x 的积分：

$$\int_{h_1}^{h_2}\left[2(1-\varepsilon^2)\frac{x^2}{d^2}+0.5\right]dx=-v_p\int_{t_1}^{t_2}dt$$

按照假设条件，当 $x=h_2$ 时，$t_2=0$。积分后，得：

$$2(1-\varepsilon^2)\frac{h_2^3}{3d^2}+0.5h_2-2(1-\varepsilon^2)\frac{h_1^3}{3d^2}-0.5h_1=v_p t_1$$

式中　t_1——颗粒 A 由高度 h_2 下降至高度为 h_1 的 A_1 位置所花的时间，同时也是放出高度为 x_2 的放出椭球体和位于矿岩接触面上的颗粒 A_2 由高度 x_2 下降至高度 x_1 所用的时间，无疑也是放出漏斗形成的时间。

根据前述原理，放出椭球体体积 $Q=S_0 v_p t_1$，而 $v_p t_1=\dfrac{Q}{S_0}$，代入前式，得：

$$h_1^3+\frac{0.75d^2}{1-\varepsilon^2}h_1-\left(h_2^3+\frac{0.75d^2}{1-\varepsilon^2}h_2-\frac{Q}{S_0}\cdot\frac{1.5d^2}{1-\varepsilon^2}\right)=0 \tag{3-31}$$

解此方程，只能求得放出矿石量 Q 以后，颗粒 A 由已知高度 h_2 下降到新的位置 A_1 所处的高度 h_1。我们的目的是要了解与放出漏斗母线有关系的颗粒 A_2 的运动情况。

由图 3-25 得知，A_2 的坐标为（x_2，y_2），则得：

$$h_2=x_2+\varphi=x_2+\frac{y_2^2}{x_2(1-\varepsilon_0^2)}$$

$$h_1=x_1+\varphi=x_1+\frac{y_1^2}{x_1(1-\varepsilon_0^2)}$$

式中　ε_0——等速椭球体偏心率。

由于等速椭球体表面颗粒的相位差相等，所以

$$h_2=x_2+\frac{y_1^2}{x_1(1-\varepsilon_0^2)}$$

把 h_1 和 h_2 的值代入式（3-31），就可得出放出漏斗母线方程：

$$y_1=\sqrt{x_1(1-\varepsilon_0^2)\left[\sqrt{\frac{Qd^2}{2S_0(1-\varepsilon_1^2)(x_2-x_1)}-\frac{0.25d^2}{1-\varepsilon_1^2}-\frac{(x_2-x_1)^2}{12}}-\frac{x_2-x_1}{2}\right]}$$

$$\tag{3-32}$$

式中　S_0——放矿漏斗口的横断面积。

应当指出，由于上述计算中没有考虑速度阻滞系数，所以当 x_1 接近于 x_2 时，y_1 值很大，当 $x_1=x_2$ 时，$y_1=\infty$，故式（3-32）只适于 $x_1<0.8x_2$ 的情况，而对于大于 $0.8x_2$ 的放出漏斗母线，首先应用式（3-30）确定其半径，然后从半径端点直接与小于 $0.8x_2$ 的线段相连。因为一方面这样做已足够精确，另一方面在 $(0.8\sim1)x_2$ 范围内的线段不具很大的实际意义。具有重要意义的区段是靠近放矿口附近。

还应当指出，在上述计算中，各椭球体的偏心率 ε 是作常数处理的，所以按公式描绘

的放出漏斗母线与它的实际母线有些差异。为了获得比较精确的结果，可以取某一中间椭球体的偏心率值作为计算参数。而中间椭球体高 h_p 可用式（3-33）求得：

$$h_p = \frac{H_s + h}{2}$$

(3-33)

知道了 h_p 和放矿漏斗直径 d 以后，就可以从 $\varepsilon = \varepsilon\left(\dfrac{h}{d}\right)$ 曲线查得 ε 值。

───────── 本 章 小 结 ─────────

（1）单漏斗放出过程中，散体内部形成各种运动形体：放出椭球体、松动椭球体、等速椭球体、放出漏斗、移动漏斗以及移动椭球体。（2）各运动形体之间的相互关系，Q 体积的散体放出以后，其周围散体在重力作用下随之移动，填补放出空间，并产生二次松散。（3）放出过程中，矿岩接触面逐渐下降，当它刚刚到达漏口，便形成放出漏斗。（4）位于放出漏斗以上各水平层所形成的漏斗为移动漏斗，该类漏斗向上逐渐缩小，到达松动椭球体顶点时，缩小成为一条线。（5）在松动椭球体内还有两类椭球体：第一类位于放出椭球体与松动椭球体之间，叫移动椭球体；另一类椭球体为等速椭球体。（6）散体的移动，是以一系列的放出、移动、等速椭球形式向下收缩变小实现的，所以散体的移动过程也就是由一个椭球体向另一个椭球体过渡的过程，并且在移动时，椭球体表面各点位相关位置不变。

习题与思考题

3-1 椭球体放矿理论的实质是什么？

3-2 放出椭球的主要性质有哪些，放出椭球体的偏心率有什么意义，有哪些影响它的因素？

3-3 简述等速椭球体的基本特性。等速椭球体与放出椭球体的关系是怎样的？

3-4 简述松动椭球体的基本性质及松动椭球体与放出椭球体之间的关系。

3-5 简述放出漏斗与放出椭球之间的关系。

3-6 作图说明松动椭球体内颗粒运动速度分布规律。

4 多漏斗底部结构放矿

- -

本章学习要点：（1）相邻漏斗放矿时矿岩运动规律，极限高度，贫化开始高度，漏斗间矿损脊峰高度；（2）有底柱崩落法出矿结构的初步选择，放矿漏斗口直径，斗井口位置的确定原则及改进；（3）有底部结构放矿损失与贫化计算；（4）底部放矿损失贫化控制；（5）有底柱崩落法放矿管理。

本章关键词：相邻漏斗放矿；极限高度；贫化开始高度；漏斗间矿损脊峰高度。

- -

4.1 相邻漏斗放矿时矿岩运动规律

前面研究了单漏斗放出时崩落矿岩的运动规律，而在生产实践中，崩落采场一般是从多漏斗中放矿的，因此必须研究在这种条件下进行放矿时崩落矿岩的运动规律。

4.1.1 相邻漏斗的相互关系

实践证明，多漏斗进行放矿时，相邻漏斗的松动椭球体有不相互影响、相互相切和相互相交三种情形：

（1）相邻松动椭球体不相互影响（图 4-1）。

此时
$$R < \frac{l_{\mathrm{d}}}{2} > b_{\mathrm{S}} ; \frac{l_{\mathrm{d}}}{2} > b$$

式中　l_{d}——放矿漏斗轴线间距，m；

　　　b_{S}——松动椭球体短半轴，m；

　　　b——放出椭球体短半轴，m；

　　　R——放出漏斗最大半径，m。

在这种情况下，当放完与崩落矿石层 h 同高的全部纯矿石后，相邻漏斗形成的最终松动椭球体和放出漏斗不相交，相互不影响，各放矿漏斗处于单独放矿的条件下。放矿一开始，崩落矿岩接触面便产生弯曲，漏斗间的脊部残留大量矿石，引起很大的矿损。脊峰高等于崩落矿石层高 h。

（2）相邻松动椭球体相切（图 4-2）。

此时
$$R < \frac{l_{\mathrm{d}}}{2} = b_{\mathrm{S}} ; \frac{l_{\mathrm{d}}}{2} > b$$

在这种条件下，当放完与崩落矿石层 h 同高的全部纯矿石体积后，相邻漏斗形成的最终松动椭球体正好相切，与其相应的放出漏斗在崩落矿岩接触面处接近于相交。在这种情况下，各漏斗放矿仍然单独进行。漏斗脊部亦残留大量矿石，但比上一种情况矿石损失稍小一些。这种情况仍然是不够理想。

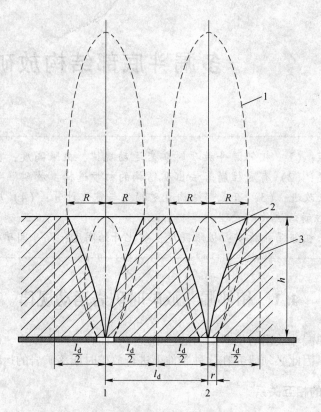

图 4-1　相邻漏斗松动椭球体相互不影响

1—松动椭球体；2—放出椭球体；3—放出漏斗

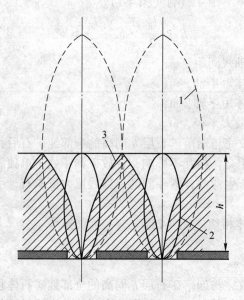

图 4-2　相邻松动椭球体相切

1—松动椭球体；2—放出椭球体；3—放出漏斗

（3）相邻松动椭球体相交（图4-3）。

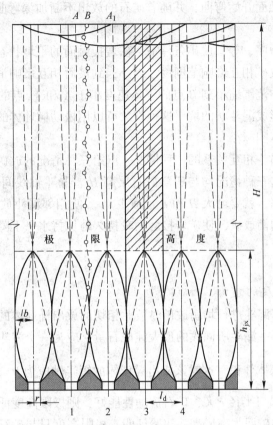

图4-3　相邻松动椭球体相交

此时

$$b_S > \frac{l_d}{2} < R ; \frac{l_d}{2} = b$$

在这种情况下，当放出一定的矿石体积后，放出椭球体的高度等于极限高度而 h_{jx}，而且这个高度又远远小于崩落矿石层的高度 H 时，那么它将与达到极限高度的相邻漏斗的放出椭球相切。相邻松动椭球体和放出漏斗在崩落矿石层 H 范围内相互交叉。这时相邻漏斗放矿时相互影响、相互作用，可以使矿岩接触面保持水平下降。

如图4-3所示，在放矿过程中位于矿岩接触面和放矿漏斗1、2轴线相交点上的颗粒 A 和 A_1，在均衡放矿时沿着各自的漏斗轴线向下运动。而在相邻漏斗轴线中间的颗粒 B，先在第一个放矿漏斗的松动椭球体内运动，然后又在相邻的第二漏斗，以及其他前后相邻漏斗的松动椭球内依次向下运动。所以实际上颗粒 B 是沿着折线向下运动。在它各方向上依次向下运动一个周期后，矿岩接触面又趋于平坦。由此可见，颗粒 B 的运动速度是周围相邻漏斗放出时对该点产生的运动速度叠加的结果。它的移动过程是这样的：当从漏斗1放矿时，B 点沿着式（3-26），即 $y = y_0 \sqrt{\dfrac{x}{x_0}}$ 决定的轨迹移动到新的位置，这个位置离开中线偏向漏斗1。当从漏斗2放出等量的矿石时，B 点又从该位置沿上述方程所决定的轨迹，回到中线上。如此反复进行，最后形成了"之"字形的运动迹线。

若不采用均衡的等量顺次放矿，则 B 点将离开中线偏向放矿量多的漏斗一边，不再回到中线上，矿岩接触面开始弯曲，并随着矿石的放出不断加深弯曲度，造成较大的矿石贫损。

但即使在均衡、顺序、等量放矿条件下，矿岩接触面的平坦状态也只能保持到一定的高度。因为相邻漏斗放矿相互影响范围逐渐缩小，到最后相互影响消失时，每个漏斗开始单独放出。当相互影响范围缩小到 B 点的下降速度小于 A 和 A_1 点的下降速度时，矿岩接触面开始弯曲，最后形成漏斗状凹坑。这种现象可以用松动椭球体的形状来解释，因它越接近放出水平，松动范围越小。

以上分析了相邻漏斗相互关系的三种情况，以第三种情况的放矿效果最好，漏斗脊部残留的矿石量最小。这三种情况均与崩落矿石层高 H、漏斗轴线间距 l_d 和漏斗口直径 d 有关。为了提高回收率，就要增大 H 和 d，减少 l_d。使相邻漏斗放出时产生的最终松动椭球体相交，并采用均衡放矿，使矿岩接触面较持久地保持水平下降。

4.1.2 极限高度 h_{jx}

4.1.2.1 极限高度的意义

极限高度就是相邻漏斗进行均衡放矿时彼此相切的放出椭球体的高度。矿岩接触面下降到这个高度时，从单一漏斗所回收的最大纯矿石量，应为一个漏斗所负担的平行六面体 $h_{jx}l^2$ 中的内切放出椭球体体积，这时该放出椭球体的短半轴应为 $b = \dfrac{l_d}{2}$。

漏斗间距 l_d 小，漏口半径 r 大，矿石流动性能好，则极限高度低，矿岩接触面下降保持水平状态时间长，纯矿回收率增高。实验证明，极限高度只与矿石性质、漏斗间距和漏口半径有关，与崩落矿石层的高度 H 无关。这是一个具有实际意义的重要结论，因为：第一，说明在漏斗间距、漏口半径及矿石性质一定的条件下，漏斗脊部残留的矿石数量不变，所以只要增加采场高度，就可以减少矿石的损失率与贫化率；第二，极限高度也是崩落法采场最低限度崩落矿石层高度，低于这个高度得不到好的放矿经济效果。关于这一点已在前面进行了详细阐述，在此不再赘述。

4.1.2.2 极限高度的确定方法

从前面的叙述中清楚地知道，极限高度对崩落采矿法来说是一个极其重要的参数，所以精确地确定它具有重要的意义。计算极限高度的方法有以下几种：

（1）利用放出椭球体长、短轴与它的偏心率的关系求得。由椭圆公式得：

$$\frac{b^2}{a^2} = 1 - \varepsilon^2$$

根据极限高度定义，$b = \dfrac{l_d}{2}$；$a \approx \dfrac{h_{jx}}{2}$，并代入上式，得：

$$h_{jx} = \frac{l_d}{\sqrt{1 - \varepsilon^2}} \tag{4-1}$$

当 l_d 和 ε 已知，就可求出极限高度 h_{jx}。

（2）利用放出椭球体的 $\varepsilon = \varepsilon\left(\dfrac{h}{d}\right)$ 和 $b = b\left(\dfrac{h}{d}\right)$ 关系曲线（图4-4）求出。当 d 和 $b =$ $\dfrac{l_d}{2}$ 已知，查 $b = b\left(\dfrac{h}{d}\right)$ 曲线可以找出 $b = \dfrac{l_d}{2}$ 时的 $\dfrac{h}{d}$ 值。由于 $\dfrac{h}{d}$ 中的 d 值已知，所算的 h 值就是所要求的极限高度 h_{jx}。

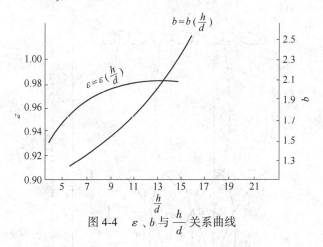

图4-4 ε、b 与 $\dfrac{h}{d}$ 关系曲线

（3）利用经验公式求出。$\dfrac{h}{d} > 3$ 和 $l_d > d$ 的条件下，对块状矿石（粒级为 5 ~ 1000mm），有

$$h_{jx} = 3.3(l_d - d) \tag{4-2}$$

对细粒级矿石（小于5mm的含量占50%以上），有

$$h_{jx} = 7.2(l_d - d) \tag{4-3}$$

4.1.3 贫化开始高度 h_1

实践证明，多漏斗进行均衡放矿时，贫化开始的高度不是极限高度，而是低于这个高度的某一高度。如前所述，矿岩接触面下降到一定高度后开始弯曲（波浪状）。若继续放矿，弯曲逐渐加深。此时由于相邻漏斗的松动椭球体和放出漏斗仍然相交和相互影响，当矿岩接触面继续下降到达相邻放出漏斗相交点 D 的高度时，各放矿漏斗所产生的松动椭球的相互影响才完全消失，进入单一放矿漏斗的条件下放矿，矿岩接触面呈漏斗状的凹坑下降。当矿岩接触面上的废石出现在漏斗口的瞬间，矿石便开始产生贫化。就在这时，相邻放出漏斗的相交点仍在 D 处，如图4-5所示。这个 D 点的高度——相邻放出漏斗相交点的高度，称为贫化开始高度 h_1。

具体地说，在这种高度下，把相当于 h_1 高度的放出椭球体体积的纯矿石放完以后，矿石就开始贫化，并在放出漏斗之间残留着脊部矿石。这部分残留矿石将和废石混合放出，一直放到所放出的贫化矿石品位达到截止品位为止，便停止放出。

贫化开始高度 h_1 的确定方法如下：

（1）利用放出漏斗母线确定。即利用单漏斗放矿时的放出漏斗母线方程，计算并绘出各放出漏斗母线（图4-5），然后找出母线彼此相交的点 D，而 D 点所在的高度即为贫

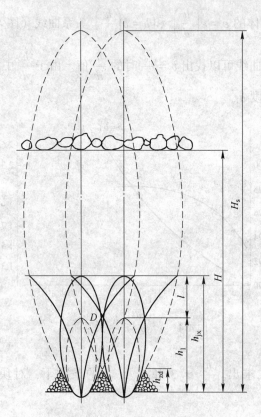

图 4-5 贫化开始高度计算图

化开始高度 h_1。

（2）根据实验确定。由不同的放矿条件进行的大量实验资料证明，h_1 的变动范围是在极限高度 h_{jx} 的 0.75 倍的地方，故计算时取 h_1 的值为：

$$h_1 = 0.75 h_{jx} \tag{4-4}$$

4.1.4 漏斗间矿损脊峰高度 h_{zd}

如前所述，贫化开始以后，为了提高矿石回收率，仍继续放出有废石混入的贫化矿石，一直放到其品位等于截止品位，才不再放出。这时在放矿漏斗之间残留着在本采场内（或者本分段内）无法放出的脊部矿石。其脊峰高为 h_{zd}，如图 4-6 所示。其宽介于漏斗间距 l_d 和漏斗间矿柱（$l_d - d$）之间，其形状为棱锥体。由此可以看出，前面所讲的贫化开始高度 h_1，是矿石开始贫化前留在漏斗间的脊部矿石的脊峰高，而 h_{zd} 乃是矿石放到截止品位以后残留漏斗间将要损失的矿石脊峰高，为了便于和前者区别，故称为矿损脊峰高。它的确定方法有理论推导和实验方法两种。本书只介绍以下近似计算法。

实验证明，如果相邻漏斗的交点 D 到极限高度 h_{jx} 的距离为 l，则矿损脊峰高度 h_{zd} 应等于极限高度减去 $2l$，即

$$h_{zd} = h_{jx} - 2l \tag{a}$$

而

$$l = h_{jx} - h_1 \tag{b}$$

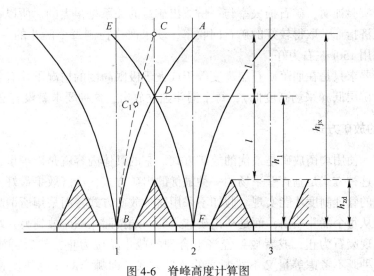

图 4-6 脊峰高度计算图

将式（b）代入式（a），得：

$$h_{zd} = h_{jx} - 2(h_{jx} - h_1) = 2h_1 - h_{jx} \tag{4-5}$$

4.1.5 松动椭球体的偏斜与一份放出量

实验证明，相邻漏斗放出时，若其中一个漏斗先放出一定量的矿石后，再从相邻漏斗放矿，则相邻漏斗中的松动椭球体不是始终保持垂直方向。开始阶段它向先放出矿石的邻接漏斗偏斜，然后随着矿石的继续放出才逐渐转为垂直方向。如图 4-7 所示，先从漏斗 2 放出 500g 左右的矿石，松动椭球体 I 沿着垂线方向向上发展，到达矿岩接触面。接着从相邻漏斗 1 放出 48g 矿石，松动椭球体 a 明显地偏向漏斗 2。当放出量增加到 108g，相应的松动椭球体 b 的偏斜度减少了，但其顶点仍处在漏斗 2 的轴心线附近。继续从漏斗 1 放出，总量达 540g 以后，松动椭球体 II 才达到正常的垂直位置（漏斗 1 的轴心线上）。

出现这种现象，是由于从漏斗 2 先放出一定数量矿石以后，其上部的崩落矿石内发生了二次松散，密度减少，主应力和内摩角相应降低，抗剪强度减弱。当从漏斗 1 放出时，矿石的流动就会优先从抗剪强度弱的地方开始，形成放出开始阶段的偏斜现象。

松动椭球体偏斜程度与每个漏斗的一份放出量（指一次连续放出矿量）关系很大。若某一漏斗连续放出量过大，相邻漏斗放出时，如上所述，其上的松动椭球体就会发生很大的偏斜。这样就会引起矿岩接触面不均匀下降，增加废石混入的机会，减少矿石回收率。

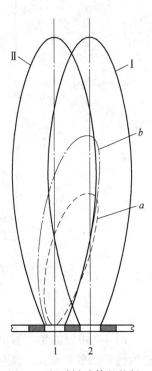

图 4-7 松动椭球体的偏斜

放矿模型实验证明，矿石损失率与一份放出矿量的关系是很大的。所以在生产中，为了保证好的经济指标，取得较好的矿石回收率，要求严格控制每个漏斗的一份放出矿量。生产中一般采用150t左右为好。

当然这个要求只是在崩落矿石层高度等于或大于极限高度的情况下才有意义。假如漏斗间距大，放矿层低（采场高度低），每个漏斗独立放出，这种要求就没有必要了。

4.1.6 最优的放矿方式

一般而言，使用均衡放矿是最优的放矿方式。它的具体内容就是以等量、顺序、均匀的方式放矿。这种方式是垂直壁采场的一种最优的出矿方式，经济效果最好。当然这种方式需要有严格的管理制度才能实现。假如不采用这种放矿方式，而采用所谓顺次放矿，即不考虑均匀地从每个漏斗放出，而是从出矿巷道的一端按漏斗顺序放到另一端，且每个漏口一直放到出现废石为止，或者放到经济上合理的截止品位为止，然后再放相邻接的漏斗；或采用一种既不考虑等量又不按顺序的放矿方式，即哪个漏斗好放就在那里放。无疑，后面两种方式是不好的。为了说明这一点，可以用两个相邻漏斗顺次放出的简单例子来解释。如图 4-8 所示，先由漏斗 1 将矿石放到出现废石为止。这时与放出纯矿石体积相对应的放出椭球体的体积为 Q_1；再从漏斗 2 进行放矿，当放出椭球体发展到与放矿漏斗 1 形成的放出漏斗母线 AN 相切于 m 点后，即表示该漏斗的纯矿石已经放完，与此相应的放出椭球体为 Q_2。

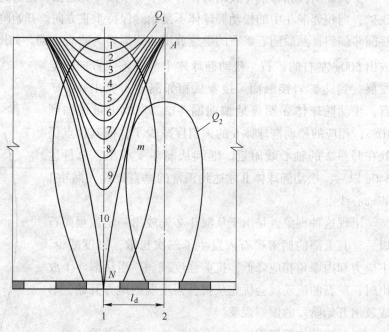

图 4-8 顺次自相邻漏斗放出

1~9—接触面的下降过程；10—形成的放出漏斗

从图 4-8 可以清楚地看出，Q_1 的体积大大地超过了 Q_2 的体积。这就意味着这两个漏斗总的纯矿回收率减少。而纯矿回收率减少，将影响总的矿石回收率。

4.2　有底柱崩落法出矿结构的初步选择

本节主要讨论覆盖岩石下放矿的崩落法采场的结构方面的参数，但不涉及其他参数。

从前面的叙述中可以清楚地知道，放矿过程中所发生的损失与贫化，与采场的结构参数有很大的关系。由于采场构成要素很多，不可能全部讨论，故只讨论与矿石贫损关系较大的几个主要参数。它们是放矿漏斗口尺寸、分段或阶段高度、漏斗间距、放矿巷道间距、边缘漏斗与已采邻接采场距离以及采场面积等。

这里应当指出，采场最优的构成要素不仅要满足放矿方面的要求，而且还要满足采准切割工作量小、凿岩效率高、底柱稳固及维护费用小、满足产量，以及回采强度大等方面的要求。所以，按放矿要求选取的采场参数只是初步的。采场的最优参数必须综合上述各因素才能确定。

从放矿效果来选择采场结构参数遵循的基本原则，仍旧是开始贫化以前纯矿回收率最大。

4.2.1　放矿漏斗口直径的确定

实验证明，放矿漏斗口直径对贫化前纯矿回收率影响很大。由图 4-9 可以间接看出这个问题。图 4-9 以纵轴表示放出椭球体短轴（ $2b$ ），横轴表示放出矿层高度 H ，曲线表示各种不同的放矿口直径 d 的条件下短轴 $2b$ 与 H 的变化关系。图 4-9 清楚地表明，在任何一种放矿层高度下，随着 d 的增加，短轴 $2b$ 也增加，特别在放矿层高度不大的情况下， $2b$ 增长更明显。众所周知，放出椭球体短轴的增加，意味着放出椭球体肥大和贫化前放出的纯矿量增加。这主要是由于较大的放矿口直径能改善矿石的流动条件，减少漏口阻塞。

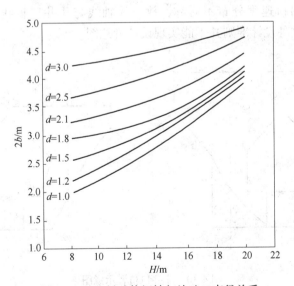

图 4-9　放出椭球体短轴与放矿口直径关系

由于金属矿的大量崩落采矿法是采用中深孔或深孔崩矿，块度一般较大，且不均匀，所以漏斗口直径主要取决于块度大小及不合格大块含量。它的尺寸往往通过实验确定。下面介绍几种经验计算法。

（1）漏口直径 d 大于最大允许块度 d_z 的 3 倍，即

$$d \geqslant 3d_z \tag{4-6}$$

式中　d——漏口直径，m；

　　d_z——最大允许块度，m。

（2）漏口直径 d 由不合格大块（即超过矿山设计所规定的最大允许块度）及其含量确定，即

$$d = 5d_z + 0.5u_{pz}(d_{pz} - d_z) \tag{4-7}$$

式中　d_z——最大允许块度，m；

　　d_{pz}——不合格块的平均尺寸，m；

　　u_{pz}——不合格块的含量，%。

按式（4-7）算出的漏斗口直径可能偏大，还必须根据底柱坚固程度予以调整。但增大放出口尺寸是目前国内外矿山的普遍趋势。

（3）漏口直径 d 由最大允许块度的宽度决定，即

$$d \geqslant 4.2b_z \tag{4-8}$$

式中　b_z——最大允许块度的宽，m。

4.2.2　斗井口位置的确定原则及改进

漏斗颈（斗井）的上口是采场崩落矿岩的直接出口，其位置是决定采场崩落矿岩流动空间条件的重要因素之一。在垂直采场（耙道）方向上，确定斗井口位置的传统方法是将斗井口设置在漏斗负担范围内的中心部位，如图 4-10（a）所示。其意图是使漏斗负担范围内崩落矿石均匀下降，使纯矿石放出体最大。但实际上，由分析得知，由于耙道出矿结构造成的散体出口速度分布不对称，放出体轴线与斗井口轴线之间存在明显距离（简称偏心距），故这种设计准则并不能实现设计者意图。

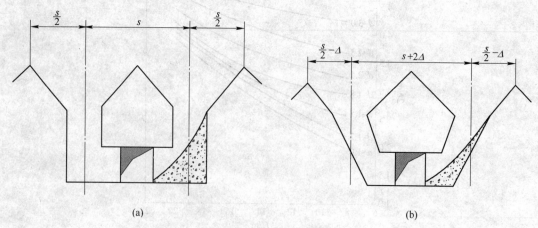

图 4-10　斗井口位置示意图

（a）传统位置；（b）推荐位置

为使漏斗负担范围内矿石均匀下降和被均匀放出，应使斗井口中心线偏移漏斗负担范

围中心线一段距离，偏距大小应与崩落矿岩流轴偏心距相适应，即使放出体最高点位于漏斗负担范围中心线上。据此，推荐图4-10（b）所示的斗井口布置方式，将斗井口向外推移Δ距离（Δ与x_1相当）。这种布置方式不仅适应崩落矿岩移动规律，而且可使电耙道具有较好的稳固性。

Δ值大小可按漏斗负担范围中心线两侧流出散体量相等来近似确定，在实用范围内，一般可取$\Delta = 0.4 \sim 0.6m$。

以放矿结束时放出体的最高点与漏斗负担范围中心线重合来确定斗井口位置的准则，适合于各种有底柱崩落法斗井口设计，特别适合于急倾斜中厚矿体有底柱崩落法沿走向布置采场的底部结构设计。

以下是实验验证。取耙道间距14m，斗井高（从耙道底板算起）4m，斗井宽2m，用1：50相似比平面模型，进行三条耙道均匀放矿时矿岩接触面移动过程实验。以磁铁石英岩为矿石，白云岩为废石，装填料粒径$d = 0.2 \sim 0.5cm$。两种斗井口放矿实验结果如图4-11所示。按传统方法布置斗井口时，40m高矿岩接触面下降到20m高处即已出现明显的凹凸不平；废石到达斗井口时，耙道与耙道之间残留矿石的剖面面积是耙道正上方矿石脊部残留面积的6.71倍；平均每条耙道残留矿石120.4m²。采用推荐方法布置斗井口，取$\Delta = 0.51m$。40m高矿岩界面下降到11.2m处才出现凹凸不平，且废石到达斗井口时的矿石残留体形态匀称，平均每条耙道残留矿石的剖面面积仅为92.83m²，比传统方法减小了27.6m²。虽然实际生产中按截止品位控制放矿，前者较大的残留体还可放出一部分，但需混着废石放出，在回采率一定条件下，其贫化矿放出量大于后者，随之贫化率必然大于后者；当总贫化率一定时，前者贫化矿放出量受到限制，随之矿石损失率将大于后者。由此可见，采取所推荐的方法布置斗井口，可使放矿效果得到改善。

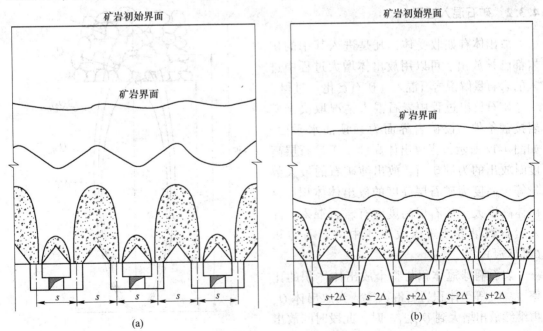

图4-11　斗井口位置对矿岩界面影响的实验结果

（a）传统位置；（b）推荐位置

总之，理论分析与实验均证明，在有底柱崩落法电耙出矿的底部结构设计中，应考虑散体出口速度分布不对称造成的放出体轴线偏移，以出矿结束时的放出体最高点与漏斗负担范围中心线重合为准则确定斗井口位置。在现行设计中，采取推荐的斜斗井形式，如图4-10（b）所示，依具体条件将斗井口向外推移0.4~0.6m是有益的。

4.3 有底部结构放矿损失与贫化计算

4.3.1 基本概念

金属矿床开采过程中，会有部分工业矿石储量采不出来而产生损失，在采掘过程中又会有废石混入引起矿石品位降低，使矿石受到贫化。

矿石损失和贫化的大小随着开采技术条件、使用的采矿方法及采矿工作质量而变。降低矿石的损失和贫化，对回收国家资源、降低采矿成本和矿石加工费用、提高开采的综合经济效果均有十分重要的意义。

在崩落围岩覆盖下放矿的崩落采矿法中，崩落矿石和废石直接接触，是引起矿石贫损的主要技术原因，故损失和贫化都比较大。

本部分讨论采场内放矿时产生的矿石贫化和损失问题。在这种条件下发生的矿石贫化和损失过程有如下特点：增加放出矿石量，可使矿石损失减少，但贫化随之增高；而减少放出矿量，可使矿石贫化降低，出矿品位增高，但矿石损失随之增加，两者互为因果。本部分应用前述的放矿理论，以纯矿回收率最大为基本出发点，研究矿石贫化和损失的主要概念，分析矿石贫化损失发生的过程和影响因素，以及阐述简单的预计方法。

4.3.2 矿石混入过程

放出体有如收受体，凡是进入其中的矿岩都已被放出。可以用放出体增大过程中进入的岩石量解说岩石混入（矿石贫化）过程。

矿石放出过程中岩石混入情况取决于矿岩接触条件。设矿岩界面为一顶面水平面，如图4-12所示，当放出体高度小于矿石层高度时放出的为纯矿石，放出纯矿石的最大数量等于高度为矿石层高度的放出体体积；放出体高度大于矿石层高度时有岩石混入，混入岩石数量等于进入放出体中的岩石体积（椭球冠）。

岩石椭球冠体积与整个放出体体积的比率（%）等于体积岩石混入率。当放出体 Q_{fi} 再继续放出增大到 $Q_{f(i+1)}$ 时，此段时间放出量 $\Delta Q_f = Q_{f(i+1)} - Q_{fi}$，若使之等于一个当次

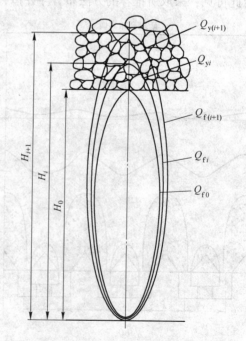

图4-12 矿岩界面为顶面水平面时岩石混入过程

放出矿量,其中岩石量为 $\Delta Q_y = Q_{y(i+1)} - Q_{yi}$,岩石所占比率 $y_{qd} = \dfrac{\Delta Q_y}{\Delta Q_f} \times 100\%$,称为当次体积岩石混入率,若当次放出矿量很小时,可称之为瞬时体积岩石混入率 y_{qd}。

4.3.3 体积岩石混入率与质量岩石混入率

自采场放出矿石量与其中混入岩石量的比率:体积比率称为体积岩石混入率,质量比率称为质量岩石混入率,简称为岩石混入率。

体积岩石混入率

$$y_q = \frac{Q_y}{Q_f} \times 100\% \tag{4-9}$$

岩石混入率

$$Y = \frac{m_y}{m_f} \times 100\% \tag{4-10}$$

式中　Q_f——放出矿石体积,m^3;

　　　Q_y——Q_f 中混入的岩石体积,m^3;

　　　m_f——放出矿石(毛矿)质量,t;

　　　m_y——m_f 中混入的岩石质量,t。

体积岩石混入率与岩石混入率关系:

$$y_q = \frac{Q_y}{Q_K + Q_y} = \frac{\dfrac{m_y}{\rho_y}}{\dfrac{m_y}{\rho_y} + \dfrac{m_K}{\rho_K}} = \frac{1}{1 + \dfrac{m_K}{m_y} \times \dfrac{\rho_y}{\rho_K}} \times 100\% \tag{4-11}$$

式中　Q_K,m_K,ρ_K——矿石的体积、质量和密度;

　　　Q_y,m_y,ρ_y——岩石的体积、质量和密度。

$$Y = \frac{m_y}{m_y + m_K} \times 100\%$$

写成

$$\frac{m_K}{m_y} = \frac{1}{Y} - 1$$

代入式 (4-11) 中,得

$$y_q = \frac{\rho_K}{\rho_K + \left(\dfrac{1}{Y} - 1\right)\rho_y} \times 100\% \tag{4-12}$$

或

$$Y = \frac{y_q \rho_y}{\rho_K - y_q(\rho_K - \rho_y)} \times 100\% \tag{4-13}$$

例 4-1　铁矿石 $\rho_{Fe} = 4.5 t/m^3$,铜矿石 $\rho_{Cu} = 2.8 t/m^3$,岩石 $\rho_y = 2.6 t/m^3$。设体积岩石混入率同为 25%,求铁矿石与铜矿石的岩石混入率。

解　根据式 (4-13):

$$y_{Fe} = \frac{y_q \rho_y}{\rho_{Fe} - y_q(\rho_{Fe} - \rho_y)} \times 100\% = \frac{0.25 \times 2.6}{4.5 - 0.25 \times (4.5 - 2.6)} \times 100\% = 16.15\%$$

$$y_{Cu} = \frac{y_q \rho_y}{\rho_{Cu} - y_q (\rho_{Cu} - \rho_y)} \times 100\% = \frac{0.25 \times 2.6}{2.8 - 0.25 \times (2.8 - 2.6)} \times 100\% = 23.64\%$$

两种情况下，体积矿石混入率同为25%，从评价采矿技术工作质量方面讲，应该说两者是没有差异的。$y_{Fe} = 16.15\%$ 和 $y_{Cu} = 23.64\%$ 的差异完全是由于矿石密度不同造成的。

若岩石不含有用成分，此时岩石混入率等于矿石贫化率，即 $P_{Fe} = 16.15\%$，$P_{Cu} = 23.64\%$，后者是前者的 1.46 倍之大。可见，矿石密度对贫化率具有很大影响。

由上面讨论可知，体积岩石混入率比岩石混入率具有更好的可比性，也就说若以体积岩石混入率代替岩石混入率分析评价采矿技术工作，更为合适。

4.4 底部放矿损失贫化控制

4.4.1 矿石损失贫化的形式

如图4-13所示，在有底柱崩落法放矿中，矿石损失形式有两种：一为脊部残留，另一为下盘残留。根据矿体倾角（α）、厚度（B）与矿石层高度（H）等的不同，脊部残留的一部分或大部分在下分段（或阶段）有再次回收的机会，当放出的空间条件（α、B、H）好时可有多次回收机会。下盘残留是永久损失，一般情况下没有再次回收的可能。同时未被放出的脊部残留进入下盘损失区后，最终也将转变为下盘损失形式而损失于地下。由此看来，下盘损失堪称矿石损失的基本形式。所以，减少矿井损失主要是减少下盘损失，把住下盘损失关。

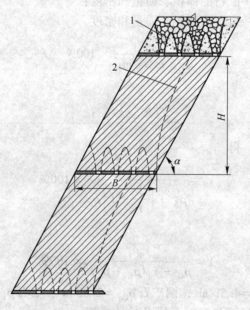

图 4-13 崩落法放矿时的矿石损失形式
1—脊部残留；2—下盘残留（损失）

当矿体倾角很陡（$>75° \sim 80°$）时，没有下盘损失。此时矿石损失是以矿岩混杂层形式损失掉的。上部残留矿石随放矿下移，在下移过程中与岩石混杂，形成矿岩混杂层，覆盖于新崩落的矿石层之上，矿岩混杂层在放出过程中不断加厚。

如图 4-14 所示，第 I 分段 b_0 段内脊部残留，进入第 II 分段下盘损失区，故在下面第 II 分段不能回收；b_1 段内脊部残留于第 II 分段还有一收回收机会，b_2 段内脊部残留于第 II 分段与第 III 分段有两次回收机会；b_3 段内脊部残留还有三次回收机会，了解这种情况对放矿管理很有好处。脊部残留在下移过程中有一部分与岩石混杂形成矿岩混杂层，覆盖子崩落分段之上。与覆盖纯岩石比较，可以允许增大混入量，从而也将有利于提高矿石回采率。

崩落采矿法放矿主要特征之一是矿石在岩石覆盖之下放出。在放矿过程中，由于矿岩直接接触，不能避免地在矿岩界面处产生矿岩混杂，所以，在放出一定数量的纯矿石之后，将放出贫化矿石，即有部分岩石混入矿石中被放出，产生矿石贫化。岩石混入（矿石贫化）量主要取决于矿岩混杂和放出的条件，如矿岩接触面积、贫化产生次数和放矿截止岩石混入率等。

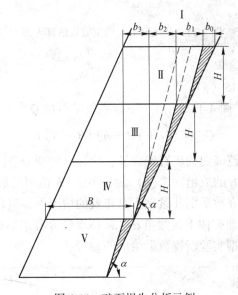

图 4-14　矿石损失分析示例

4.4.2　贫化前下盘矿石残留数量估算方法

贫化后的下盘损失数量除随机模拟放矿实验外获取，在椭球体理论中，由于倾斜壁条件下放矿移动规律问题尚未完满解决，还不能给出完整的计算方法和数值模拟方法。贫化前下盘残留体形状和数量可用下面方法估算，下盘残留可分为两情况，如图 4-15 所示。

（1）当 $H/B \leqslant \tan\alpha$（图 4-15（a）），下盘残留矿石量 Q_{x1} 为

$$Q_{x1} = \frac{HL_y}{2}\left(\frac{H}{\tan\alpha} + 2r\right) - \frac{Q_f}{2} \tag{4-14}$$

式中　L_y——沿走向方向的漏孔间距，m；

　　　Q_f——放出矿量（椭球体），$Q_f = \dfrac{\pi K}{6}h^{3-n}$，t。

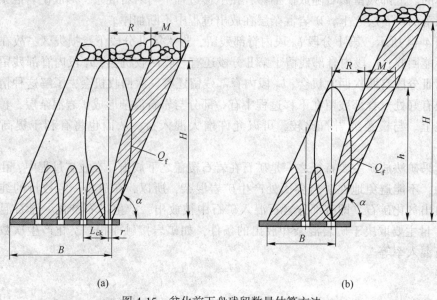

(a)   (b)

图 4-15　贫化前下盘残留数量估算方法

（a）$\dfrac{H}{B} \leqslant \tan\alpha$；（b）$\dfrac{H}{B} > \tan\alpha$

其他符号意义见图 4-15（a）。

（2）当 $H/B > \tan\alpha$（图 4-15（b）），下盘残留矿石量 Q_{x2} 为

$$Q_{x2} = Q'_{x1} + (H - h)(B - R) L \tag{4-15}$$

式中　　Q'_{x1} ——高度为 h 范围内的矿石残留量，计算方法同 Q_{x1}；

　　　　R ——对应高度 h 的放出（降落）漏斗半径，R 值可用放出漏斗方程计算。

　　由上面计算式可知，在放矿漏斗紧贴下盘布置的情况下，贫化前下盘残留量主要取决于矿石移动的空间条件，即矿体下盘倾角 α、矿体厚度 B 和崩落矿石层高度 H 等。图4-16所示的关系曲线是根据模型实验所得数据绘成的。

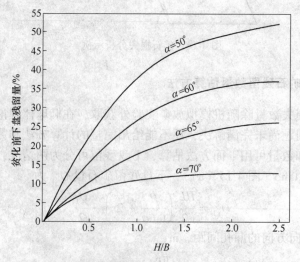

图 4-16　贫化前下盘残留（α、B、H）的关系

4.4.3 下盘切岩采准

在倾角不足的情况下，为了减少下盘矿石损失，主要技术思路是扩大放矿的移动范围、减少下盘矿石残留（包含死带）。为此，采用的技术措施有二：一是减少放出矿石层高度，如降低分段高度与开掘下盘漏斗等；二是增大下盘倾角，如开掘下盘岩石，以及在矿石价值不高的情况下有时在分段（或阶段）上部留三角形矿柱等。

如图 4-17 所示，设放出漏斗边壁角为 α_L，此时 $R = \dfrac{h}{\tan\alpha_L}$，同时 $B = \dfrac{h}{\tan\alpha}$，$\alpha$ 为下盘倾角。可以将 R 与 B 的关系转化成 α_L 与 α 的关系，当 $R < B$ 时，必定是 $\alpha < \alpha_L$，故亦可依 α_L 与 α 关系判定有无下盘损失及损失数量大小。亦即当 $R < B$ 或 $\alpha < \alpha_L$ 时有下盘损失；当 $R \geqslant B$ 或 $\alpha \geqslant \alpha_L$ 时，无下盘损失。可以将上面关系作为选择开掘下盘岩石方式的理论依据。例如图 4-17 所示情况，当不开掘下盘岩石时，其下盘损失轮廓如图中虚线所示，损失量很大，当将下盘岩石 abc 部分开掘后，此时 $R = B$，若截止品位允许的话，放矿时可以放到没有（或很少）下盘损失。

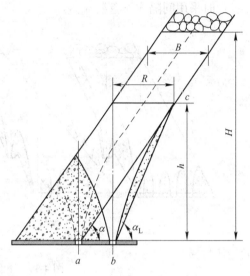

图 4-17　无下盘损失的开掘方式

在生产实际中，按这样要求开掘下盘岩石，工程量过大，有可能得不偿失，故可按照如图 4-18 所示方法开掘。

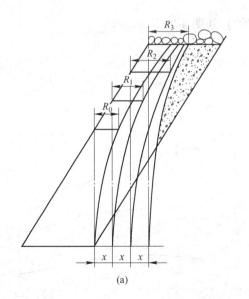

(a)

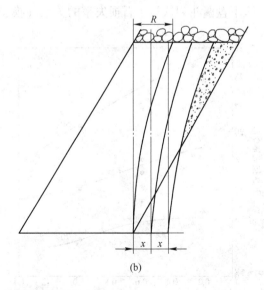

(b)

图 4-18　常用的下盘岩石开掘方式

紧靠下盘漏斗的中心线尽量移向下盘，以至将整个漏斗布置在岩石中，开掘一部分岩石，在经济上也是合适的。由图 4-18 可知，随着放出漏孔移向下盘，可以多回收矿石，但开掘工程量随之增大，并且单位工程量多回收的矿石量逐渐减少，因此要结合具体条件确定出经济上合理的开掘界限。

4.4.4　在下盘岩石中布置出矿漏斗

如图 4-19 所示，当下盘倾角 $\alpha \leqslant 45°$ 时，采用密集式下盘漏斗；$\alpha = 45° \sim 65°$（或再大些）时采用间隔式下盘漏斗。

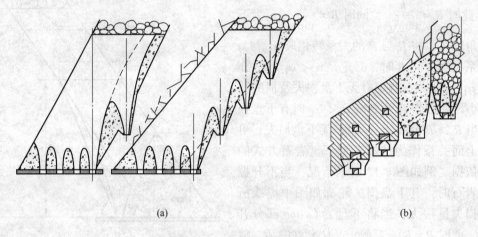

(a)　　　　　　　　　　　　　　(b)

图 4-19　下盘漏斗布置形式
(a) 间隔式布置；(b) 密集式布置

间隔式布置中的漏斗列数要根据矿石回收数量与下盘漏斗工程量进行的技术经济计算结果确定。

下盘漏斗列数与矿石损失率的关系（模型实验）如图 4-20 所示。

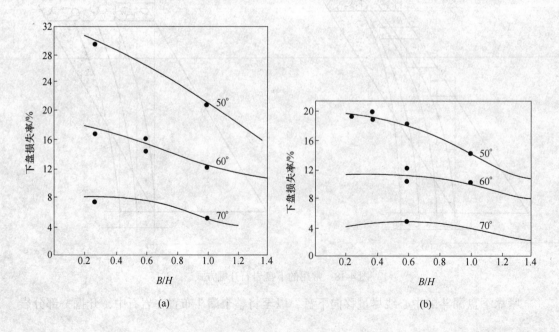

(a)　　　　　　　　　　　　　　(b)

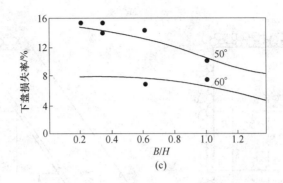

图 4-20　下盘矿石损失率与下盘漏斗列数关系
（a）一列下盘漏斗布置；（b）二列下盘漏斗布置；（c）三列下盘漏斗布置

在某种具体情况下开掘间隔式下盘漏斗时，将出现一个最佳位置问题。可以用矿石回采率最大为最佳位置的标准，当设置一列下盘漏斗时，可用图 4-21 确定。首先画出下盘残留范围 1；再画出下盘漏斗放矿后残留边界（放出漏斗边界）2。将后者置于前者之上，沿下盘边界上下移动后者，使进入后者放出漏斗范围内的残留面积最大，即符合下盘残留的矿石回采率最大的要求，或者在后者放出漏斗边界以外的下盘残留面积最小。

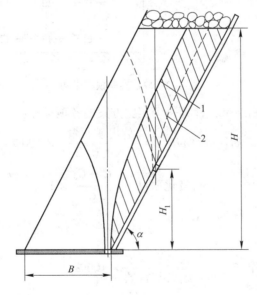

图 4-21　下盘漏斗最佳位置确定方法

由图 4-21 可以看出，在底柱漏斗紧靠下盘布置的情况下，影响下盘矿石损失的主要参数有 α、B、H 和 H_1。

为了寻求 α、B、H 和 H_1 之间关系，以及求得下盘漏斗的最佳位置（H_1），进行了模型实验。模型结构与放矿顺序等如图 4-22 所示。模型实验是按二次回归正交实验设计进行的。

各影响因素变化范围：矿体倾角 $\alpha = 55° \sim 65°$；矿体水平厚度 $B = 15 \sim 25\mathrm{m}$；阶段高度 $H = 30 \sim 50\mathrm{m}$；下盘漏斗高度 $7\sim21\mathrm{m}$。

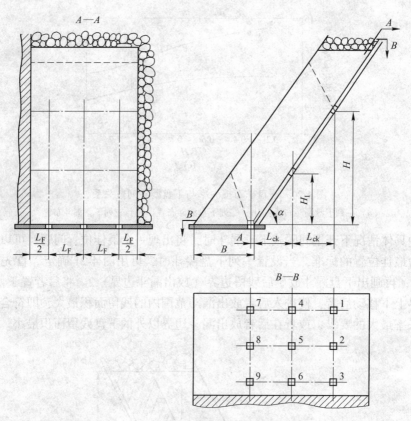

图 4-22　放矿实验模型结构

根据实验方案和放出结果，计算每个实验方案的各项指标：

$$\text{矿石回采率}(H_K) = \frac{\text{放出矿石量}}{\text{装入的矿石量}} \times 100\%$$

$$\text{矿石贫化率}(P) = \frac{C - C_y}{C} \times Y \tag{4-16}$$

式中　C——工业矿石品位，%，$C = 11\%$；

　　　C_y——岩石品位，%，$C_y = 2\%$；

　　　Y——岩石混入率，%，$Y = \dfrac{\text{放出岩石量}}{\text{放出矿岩量}} \times 100\%$。

4.4.5　降低矿石贫化的技术措施

降低矿石贫化（岩石混入）的主要技术思路是，减少放矿过程中的矿岩混杂，而矿岩混杂情况取决于崩落矿岩移动空间条件、矿岩接触面积及贫化产生次数等。

（1）在有下盘损失情况下，如前所述，减少放出层高度可以扩大移动范围，减少矿石损失，但由于产生贫化次数增大，随之矿石贫化（岩石混入）将有所增大。而在矿体倾角很陡（无有下盘损失或损失量很小）的情况下，可以增大放出矿石层高度，从而减少产生贫化次数，降低矿石贫化。因此，在某个具体情况下，须综合权衡对矿石损失贫化的影响，确定出最佳的矿石层高度。

（2）尽管增大矿石层高度，可减少产生贫化次数，但底柱漏孔一直放矿到截止品位才停止放出，此时仍然产生贫化。也就是说，增大了分段（或阶段）高度之后，在每个分段（或阶段）放矿后期还是会产生贫化，有大量岩石混入之后才会停止放矿。

为了降低矿石贫化，有研究者提出矿石隔离层下放矿的设想。如图 4-23 所示，当分段（或阶段）放矿到顶部矿岩界面出现凸凹不平时便停止放出，留下的矿石层作为矿石隔离层将上面岩石与下面分段（或阶段）崩落的矿石隔离开来，亦即下分段在矿石隔离层下放矿。矿石隔离层随下分段（或阶段）放矿下移，一直下移到漏孔水平，结束下分段放矿，这样，下分段放出的为纯矿石，不会产生矿石贫化。

矿石隔离层下放矿需要采用均匀放矿，使矿石界面呈平面下降。矿石隔离层的厚度（h）取决于放出漏孔间距（L），可取 $3L \sim 4L$。该种放矿方式自提出之后，在国内进行了理论研究与初步生产实践，其中有两个矿山使用无底柱分段崩落法，一个矿山使用有底柱分段崩落法，他们应用的目的主要是用作矿石安全垫层，在安全问题解决之后都没有继续使用。

未能坚持使用的原因主要有二：一是放矿管理要求过高，控制放矿工作复杂，难于实施；二是隔离层矿石长期在采场中存放，积压矿石占用流动资金。

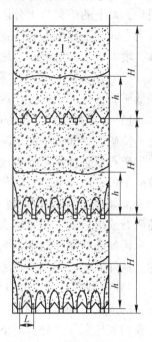

图 4-23　矿石隔离层下放矿

对比用截止品位控制放矿，矿石隔离层下放矿是一种新的放矿方式，其主要特点是，放矿过程中使矿岩界面一直保持平面下移，不产生峰谷参差，从而使矿岩接触处没有较大的矿岩混杂，此外，矿石隔离层随放矿一直下移，没有贫化，贫化次数为零。这种放矿方式尽管在生产实践中未能推广使用，但它的技术思路是可取的。

（3）在矿石隔离层下放矿启示之下，提出低贫化放矿概念。低贫化放矿也是一种新的放矿方式，它的特点是，当漏孔见到岩石（开始贫化）时便停止放出，为了判断矿岩界面是否正常到达，可以允许放出少量岩石后再停止放矿。这样不使每个漏孔放出大量岩石，尽管矿岩界面在一定高度范围内仍然存在峰谷参差现象，但矿岩界面未产生较大破裂以及从破裂处放出大量岩石，矿岩界面基本上是完整的。据无底柱分段崩落法低贫化放矿实验得出的结论是，与现用的以截止品位控制的放矿方式比较，在矿石回采率基本相同的情况下，矿石贫化率有大幅度的下降，可下降到 4%~6%。不贫化放矿的放矿管理工作是最为简单的，在矿岩容易区分的情况下，可用目测控制放矿，基本上解决了矿石隔离层下放矿存在的问题。

（4）上面两种新的放矿方式设想的共同点是，不使放矿漏孔放出岩石，以此控制岩石混入。这条技术思路是对的，但在某个具体条件下，需要结合实际灵活运用，达到降低矿石贫化的目的。例如应用有底柱崩落法开采厚矿体，并存在下盘矿石损失时，对进入下分段（或阶段）下盘残留区内的下盘侧漏孔，必须采用现行的截止品位控制放矿，以此减少本分段的和下分段的下盘损失。矿块中间的和上盘侧的漏孔，即漏孔同脊部残留在下面，有多次回收机会的漏孔，它们停止放矿时的品位可以高于规定的截止品位，以至采用低贫化放矿，多留下的矿石在下面分段可充分回收。这样，在保证矿石回采率不降低的条件下，可使岩石混入量有所减少。

基于上述道理，可以增大上盘侧漏斗负担面积，甚至在上盘铺留一三角矿柱，不开掘漏斗，留下的矿量与下分段一同回采。上盘侧开掘的漏斗，也要控制它的放出矿石量，与采场中间和下盘侧漏孔不能等量放出。若上盘侧漏斗放出矿量过大，将使覆岩沿上盘下移，增大矿岩接触面积，增大岩石混入量。

（5）由上述可知，在采场结构参数已定的情况下，加强放矿管理，改进放矿工作是降低矿石贫化的主要工作内容，改进放矿工作的主要技术原则有二：

1）力求减少矿岩接触面积，减少矿岩混杂。例如在矿石层高度较大时，采用均匀放矿，使矿岩界面成平面下降，若在垂直走向方向上布置多个漏斗时，可调节控制各漏斗的放出矿石量，使矿岩界面成垂直上下盘面的倾斜平面下移，此时矿岩接触面积最小，这样放矿不仅可以降低矿石贫化，同时也有利于矿石的回收。

又如存在侧面岩石接触面时，为了防止采场矿石与侧面岩石产生较大混杂，以此增大纯矿石放出量，可使紧靠岩石接触面的漏斗放矿滞后一定的高度。

再如底柱漏斗与下盘漏斗同时存在的情况下，放矿顺序很重要，可能的放出方案有多种。从降低矿石损失贫化考虑，应以矿岩接触面积最小者为佳。

2）控制漏斗放出岩石量，施行不同的截止放矿条件。目前的放矿方式是，不分漏斗所在的采场空间条件如何，一律采用同一截止品位，这是不合适的。除了下盘漏斗与紧靠下盘的底柱漏斗之外，对下面有充分回收可能范围之内的漏斗，可以控制放出岩石量，提高放矿的截止品位，这样可能使矿石贫化率有较大的降低。

实施降低矿石贫化技术措施时，必须注意到对矿石损失可能引起的影响，亦即综合分析矿石损失贫化之后，再作出有关技术决策。

4.5 有底柱崩落法放矿管理

4.5.1 出矿巷道基本形式

出矿巷道基本形式主要取决于矿体倾角（α）、厚度与崩落矿石高度等条件，按出矿巷道所在空间位置可分为下列四种形式：

形式 I：普通底柱漏斗，出矿巷道布置在采场底部。当 $\alpha > 65°$ 时采用这种布置形式。

形式 II：底柱漏斗与下盘漏斗联合使用，即除了底柱漏斗之外，再于下盘开掘下盘漏斗，当 $45° < \alpha < 65°$，且矿体厚度较大时使用。一般采用间隔式下盘漏斗，当 $\alpha = 45° \sim 50°$ 时亦可采用密集式下盘漏斗。

形式 III：间隔式下盘漏斗（菱形分间），当矿体厚度不大（<10m），垂直走向方向上采用菱形分间回采，此时只设下盘漏斗，在矿体中不设漏斗。

形式 IV：密集（连续）式下盘漏斗，当 $\alpha \leq 45°$ 时仅用下盘漏斗出矿，在下盘面上布置密集式漏斗。当 $20° < \alpha < 45°$ 时沿着矿体走向方向布置耙道，而当 $\alpha < 20°$ 时可沿倾斜方向布置耙道。

4.5.2 放矿方式

根据放矿过程中矿岩界面的空间状态和适用条件，可将放矿方式大致分为三种基本形式：平面放矿、斜面放矿、立面放矿。

4.5.2.1 平面放矿（均匀放矿）

放矿过程中使矿岩界面保持近似水平面下降。若是原矿石堆体的矿岩界面不成水平面时，例如存在高峰，此时应当首先采用"削高峰"放出，待成水平面后再均匀放出，保持水平面下降。平面下降过程如图 4-24 所示。

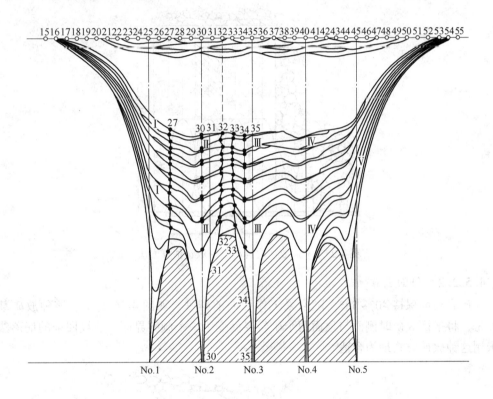

图 4-24　均匀放矿时接触面的移动情况

有底柱崩落法放矿时，降低矿石损失的基本要求之一是减少矿岩接触面积，平面放矿最符合这个要求。因此在任何情况下都尽可能地按这种要求选择放矿方式和实施放矿管理。

在垂直壁条件下进行平面放矿时，贫化前的纯矿石回收量可按图 4-25 估算。

一个漏孔纯矿石回收量 Q_0 等于平面下降的矿石柱 Q_{01} 加上放出量（椭球体）Q_{02}，即

$$Q_0 = Q_{01} + Q_{02} = (H - H_2)L^2 + \frac{\pi}{6}H_2L^2 \tag{4-17}$$

式中　L——漏孔间距，m；

H_2——相邻漏孔放出椭球体（相似椭球）相切高度，m，$H_2 = \dfrac{1}{\sqrt{1 - \varepsilon^2}}$；

ε ——放出椭球体偏心率；

H ——矿石层高度，m。

纯矿石回收率

$$H_{K0} = \frac{(H - H_2) L^2 + \frac{\pi}{6} H_2 L^2}{HL^2} = 1 - 0.48 \frac{H_2}{H} \tag{4-18}$$

此种条件下放矿可以采用前面所讲的随机模拟与数值模拟方法展现矿石损失贫化过程和进行数量计算。

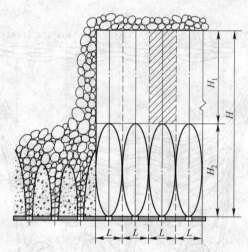

图 4-25　平面放矿时纯矿石回收量估算方法

4.5.2.2　斜面放矿

使矿岩界面保持 40°~50°，随回采工作面向前推进，如图 4-26 所示。该种放矿基本特征是，将平面放矿时侧面与顶面两个矿岩界面变为一个倾斜界面。连续回采的崩落法方案采用这钟放矿方式最为合适。

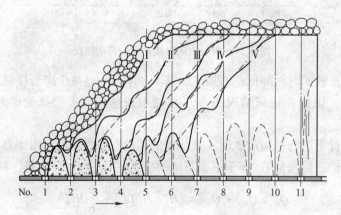

图 4-26　斜面放矿时矿岩界面的推进

各漏孔采用不等量放矿造成斜面之后，要使矿岩界面保持固定的倾角向前推进，故需要在每轮放矿中使每个漏孔上方矿岩界面下降相同高度。

4.5.2.3 立面放矿

这种放矿方式即一般所谓的"依次全量放矿",依次进行放矿,每个漏孔一直放到截止品位为止。

由图 4-27 可知,每个漏孔放出之后,会形成角度很大的矿岩界面,并以这种方式依次向前推进。这种放矿方式在放矿过程中除靠边壁首先放出的漏孔外,其余各漏孔都是相当于在 2~3 个矿岩界面条件下放出的。同其他放矿方式比较,这种放矿方式的矿岩接触面积最大,因此它的矿石损失贫化也最大。

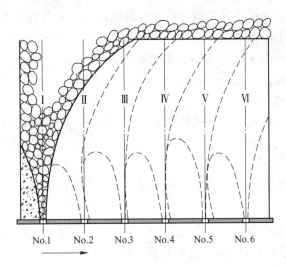

图 4-27 立面放矿时矿岩界面移动

漏孔的脊部残留如图 4-27 所示,由于依次放出原因,脊部残留均向前一放出漏孔偏斜,残留高度也大。这种放矿方式只能在矿石层高度不大(一般小于 15m)情况下使用,或者用于平面放矿的后期。

由上面出矿巷道形式与放矿方式的讲述中可知,它们确矿体倾角 α、矿体厚度 B 与矿石层高度 H 都有密切关系。

4.6 矿山实例

4.6.1 胡家峪铜矿的有底柱分段崩落法

4.6.1.1 地质概况

胡家峪铜矿矿床属高中温热液细脉浸染似层状铜矿床,矿区内地质构造复杂,断层、节理发育,断层多数与矿体走向斜交,对矿床开采有一定的影响。矿体倾角约 30°~60°,厚度为 6~70m,沿走向、倾向变化不大,区段不同略有差别。

矿石为含矿岩性矽化大理岩,中等硬度 $f=8~12$,较稳固。上盘围岩为黑色片岩和钙质云母片岩,$f=4~6$,稳固性差。下盘围岩为矽化大理岩和厚层大理岩,$f=8~10$,坚固性与稳固性较好。

4.6.1.2　构成要素

阶段高 50m，分段高 12~20m，分段底柱高 8~10m，采区宽等于矿体的厚度，一般为 10~15m，采区长为 25~30m。每个耙矿段都与通风井相通，风井之间的距离为 60~90m。

4.6.1.3　采准与切割

阶段运输巷道沿矿体走向布置，每隔 25~30m 布置一条穿脉巷道，构成穿脉装车环形运输系统，在阶段水平以上进行分段采准。

在矿体厚大部分，电耙道垂直矿体走向布置，每个阶段划分为两个分段回采。分段上的每条电耙道都与上下盘联络巷贯通，构成分段电耙层，上盘的联络道为进风道，下盘的联络道为回风道。上下分段的电耙道呈交错布置；在矿体较薄的地段，电耙道沿矿体走向布置，每个阶段一般分为 3~4 个分段回采，段高为 13~15m，电耙道一般布置在脉外。

采用单堑沟布置时，斗间距 5m，双堑沟布置时，漏斗呈交错布置，斗间距 6m，斗穿长 2.2m，断面 2.5m×2.5m。

每个阶段的下盘运输巷与总回风井相通，并作为下一个阶段的回风巷道，从阶段水平至分段电耙层都设有专用的人行、通风、材料井，以使每个段电耙层形成独立的回风系统。

用堑沟进行中深孔拉底，用"丁"字形或"井"字形中深孔拉槽。

4.6.1.4　回采

回采采用扇形中深孔落矿，炮孔直径 65~72mm，孔深 12~15m；切割槽孔最小抵抗线 1.4~1.6m，孔底距 0.6~1.2m；落矿孔最小抵抗线 1.6~1.8m，孔底距 1.8~2.2m。凿岩台效 35~45m/台班。

落矿方案有侧向逐次挤压爆破方案和小补偿空间挤爆破方案两种。爆破补偿空间系数一般为 12%~18%。

采用侧向逐次挤压爆破方案时，采场内部不划分矿房和矿柱用单步骤一次回采，为了获得本次爆破有足够的补偿空间，要求从相邻的崩落区放出本次崩矿量的 1/3。落矿步距一般为 10~16m。

采用小补偿空间挤压爆破时，一般以"丁"字形或"井"字形拉槽为补偿空间进行爆破。切割槽一般沿走向每隔 10~12m 布置一个，切割槽空间的容积一般为本次崩落矿石的 12%~18%，即爆破补偿系数为 12%~18%，出矿使用 28~30kW 电耙。

4.6.1.5　主要技术经济指标

2001 年的主要技术经济指标为：采场生产能力 400t/d；采掘比 21m/kt；每米崩矿量 5.33t/m；一次炸药单耗 0.707kg/t；二次炸药单耗 0.127kg/t；贫化率 13.7%；损失率 14.3%；出矿成本 10.24 元/t。

4.6.2　黑木林铁矿的有底柱分段崩落采矿法

4.6.2.1　概况

黑木林铁矿矿床为热液交代矽卡岩型磁铁矿床。矿体最大厚度 37m，最小厚度 3m，平均 15m，平均倾角 60°~85°，矿石稳固程度中等。上盘为蚀变闪长岩，不稳固；下盘为大理岩，稳固程度中等。

采用有底柱分段崩落法开采，当矿体水平厚度大于 20m 时，采用垂直走向布置。阶段高度 60m，矿块长等于矿体厚度宽为 14m，不留顶柱，底柱高 9~12m，分段高 30m，漏斗间距 6~7m，电耙道间距 14m，采矿方案具体布置如图 4-28 所示。

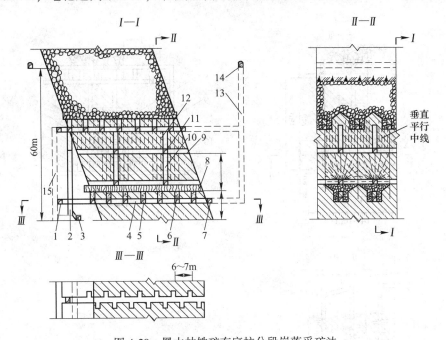

图 4-28　黑木林铁矿有底柱分段崩落采矿法

1—进风联络道；2—矿石溜井；3—中段运输巷道；4—电耙道；5—斗穿；
6—斗颈；7—回风联络道；8—堑沟；9—凿岩巷道；10—拉槽井（形成立槽）；11—拉槽横巷；
12—中深孔；13—回风井；14—回风巷道；15—人行通风井

4.6.2.2　采准与切割

首先掘进电耙道，在电耙道两侧掘进斗穿、斗颈，贯通各斗颈形成堑沟道；由堑沟道上掘两条拉槽井，并由拉槽井掘进拉槽横巷及分段凿岩巷道；用垂直深孔拉槽。

4.6.2.3　回采

用 YG-90 型凿岩机打垂直扇形中深孔。采用小补偿空间一次挤压爆破，补偿系数为 15%，用电耙出矿。

4.6.2.4　主要技术经济指标

矿块生产能力 150~160t/d，工作面工人工效 5~6t/（工·班），每米炮孔崩矿量 6.5t/m，采切比 9.5~16.73m/kt，损失率 34.42%，贫化率 20.49%，一次炸药单耗 0.31~0.376kg/t，坑木 0.0015m³/t。

4.6.3　会理镍矿水平中深孔阶段强制崩落法

4.6.3.1　概况

矿床为急倾斜层状矿体，走向长 55m，延深 280m，平均厚度 5~15m，平均倾角 70°，矿石硬度系数 $f=8~10$，中等稳固；上盘为石灰岩，$f=10~12$，中等稳固；下盘为橄榄岩，$f=8~10$，中等稳固。断层附近和矿岩接触过渡带的矿岩，三角块状节理发育，稳固性下降。矿体上部氧化，覆盖岩层为第四纪堆积物，由于风化作用，裂隙和节理比较发育，另有不少未探明老窿，易于崩落。采用水平深孔阶段强制崩落法开采，如图4-29所示。

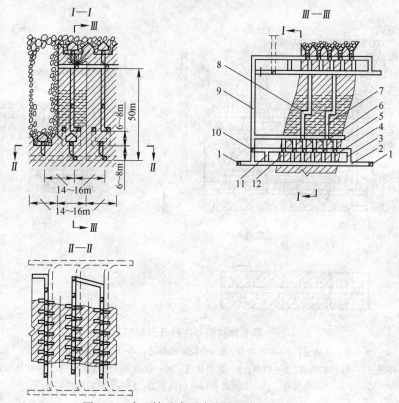

图4-29 会理镍矿水平中深孔阶段强制崩落法

1—脉外运输巷道；2—穿脉巷道；3—人行进风小井；4—二次破碎巷道；5—上部漏斗；6—拉底巷道；7—凿岩天井；
8—水平中深孔；9—回风天井；10—回风联络道；11—安全出口；12—矿溜子阶段高度50m，矿块沿走向布置时，
长40~50m，宽14~16m，高50m；垂直走向布置时，长等于矿体的厚度，宽14~16m，高50m。底柱高12~6m，
漏斗间距5~6m，电耙道间距14~16m

4.6.3.2 采准切割

采准切割工作主要是掘进上下盘脉外运输平巷及穿脉巷道，构成环形运输系统。从穿脉巷上掘人行进风小井、自溜漏斗。二次破碎巷道及拉底巷道底板距运输巷底板分别为6~8m和16m。上部漏斗为交错布置，斗颈沿电耙道方向连通，从拉底水平掘进1~2条凿岩天井。回风天井布置在上盘脉外。

4.6.3.3 回采

采用YG-80型凿岩机，在凿岩天井中凿水平中深孔。待炮孔全部凿完后，采用浅孔拉底扩漏，视拉底暴露面的大小适当布置临时矿柱，该矿柱与采场同时爆破。视水平补偿空间的大小采场分一次或二次爆破。采场运搬有两种：一种是电耙运搬，另一种是让矿石由漏斗自溜放出。顶板让其自然冒落。

4.6.3.4 通风

新鲜风流从下盘人行井风井进入，经二次破碎坑道进入各工作面。钻凿中深孔时，风

流经凿岩天井到上一中段排出；放矿时，污风由回风联络道至上盘回风天井排出。一般2~3个采场布置一条回风井，构成井下分区并联通风网络。

────────── **本 章 小 结** ──────────

（1）相邻漏斗放矿时矿岩运动规律，相邻漏斗之间的相互关系。（2）有底柱崩落法出矿结构的确定，包括放矿漏斗口尺寸、分段或阶段高度、漏斗间距、放矿巷道间距、边缘漏斗与已采邻接采场距离以及采场面积等。（3）有底柱崩落法放矿时的损失贫化计算。（4）多漏斗底部放矿过程中的贫化损失控制。（5）有底柱放矿管理方法。

习题与思考题

4-1 简述相邻漏斗放矿时的矿岩运动规律。

4-2 简述相邻漏斗之间的相互关系。

4-3 简述极限高度、贫化开始高度以及矿损脊峰高度。

4-4 简述有底柱崩落法出矿结构参数及其确定方法。

4-5 简述斗井口位置的确定原则。

4-6 简述放矿漏斗口直径的确定方法。

4-7 简述降低矿石贫化的技术措施。

4-8 简述多漏斗放矿的方式。

4-9 作图说明下盘漏斗布置形式。

4-10 简述崩落法放矿时的矿石损失形式。

5 端部放矿中崩落矿岩运动规律

本章学习要点：(1) 端部放矿理论及其应用；(2) 端部放矿时，待采端壁对放出椭球体的中心轴线的影响；(3) 矿石的流动规律对最优的放矿制度的影响；(4) 掌握放出体体积的计算公式。

本章关键词：端壁倾角；轴偏角；放矿椭球体缺；无底柱分段崩落采矿法；回采巷道间距；回采巷道高度；分段高度；崩落步距；矿石损失与贫化。

5.1 概　述

端部移动式放矿是崩落采矿法出矿方式之一，崩落矿石在崩落围岩覆盖下，借助重力和铲装扰动力，由回采巷道端部近似"V"形槽中一个步距接一个步距地放出，这种移动式放矿称做端部放矿。无底柱分段崩落法采用的就是端部放矿方式。与底部固定口放矿不同，端部放出口形成的放出椭球体受到尚待崩落端壁影响，轴线会发生偏斜，故放出体在纵向方向具有不对称性。且矿石与废石存在多个接触面，更易引起矿石的贫化损失，这也是无底柱分段崩落法贫化损失大的主要原因之一，此类放矿方式更需严格控制放矿。

5.2 端壁对放出体形的影响

端部放矿时，松散矿石的流动规律仍然符合椭球体放矿理论。但是，由于端壁的阻碍，放出体发育不完全，是一个纵向不对称、横向对称的椭球体如图 5-1 所示。

端壁面与水平面的夹角称做端壁倾角，如图 5-2 中 φ_d 所示。端壁倾角对放出椭球体的发育有着直接的影响：端壁前倾时，放出体积较小；端壁后倾时，放出体积较大；端壁垂直时，放出体积介于两者之间。

放矿过程中，由于矿石沿端壁流动产生摩擦阻力，使得放矿椭球体的中心轴偏离端壁一个角度，称为轴偏角，即图 5-4 中 θ 角。

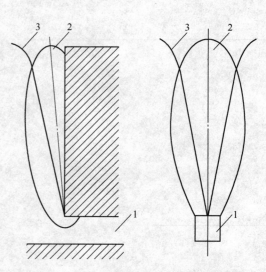

图 5-1　端部放矿时椭球体的发育情况

1—回采巷道；2—最大放出椭球体；3—放矿漏斗轮廓线

轴偏角随端壁倾角的变化而变化，如图5-2所示，且与端壁平面的粗糙程度有关（端壁平坦光滑，偏角小）。端壁倾角为75°、90°、105°时，相应的轴偏角为1°~3°、6°~8°、15°左右。

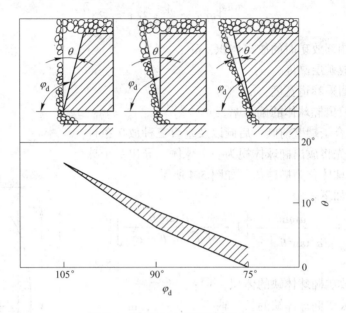

图5-2 轴偏角与端壁倾角的关系

当端壁倾角为90°时，可利用数学模型得出轴偏角与回收率、贫化率之间关系的理论曲线，如图5-3所示。这种计算数值表明，在给定的贫化率指标下，回收率是随轴偏角的增大而降低的。

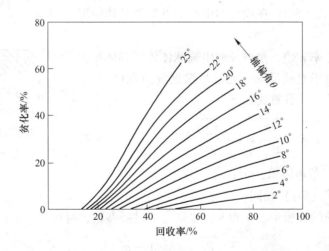

图5-3 轴偏角与贫化率和回收率的关系理论曲线

端部放矿时放出体体积的计算方法有两种。

一种是用于垂直端壁时的近似计算法。它的实质是，假定无底柱分段崩落法的垂直端壁与放矿椭球体的轴线重合，放出体的体积被端壁切去1/2。根据这一假定，将底部放矿的放出体积计算公式（3-3）：$Q = \dfrac{\pi}{6}h^3(1-\varepsilon^2) + \dfrac{\pi}{2}r^2h \approx 0.523h^3(1-\varepsilon^2) + 1.57r^2h$，做适当的变换，就得出了端部放矿的放出体积的计算公式：

$$Q_h = \frac{\pi h_f}{16}\left[B_h{}^2 + \frac{4}{3}h_f{}^2(1-\varepsilon^2)\right] \tag{5-1}$$

式中 Q_h——端部放矿时的放出体积，m^3；

h_f——放矿层高度，m；

B_h——回采巷道宽度，m；

ε——放出椭球体的偏心率。

另一种是适合于端壁前倾、后倾以及垂直三种放矿条件的计算公式。首先将放出椭球体视为一个球体，导出一个球体方程，然后将球体化为椭球体，如图5-4所示。

其计算公式如下：

$$Q_h = \pi abc\left\{\frac{2}{3} + \frac{a\tan\theta}{\sqrt{a^2\tan^2\theta + c^2}}\left[1 - \frac{a^2\tan^2\theta}{3(a^2\tan^2\theta + c^2)}\right]\right\} \tag{5-2}$$

式中 Q_h——放矿椭球体缺的体积，m^3；

a——放矿椭球体缺的长半轴（y方向），m；

b——放矿椭球体缺的短半轴（z方向，即垂直于纸面方向），m；

c——放矿椭球体缺的短半轴（x方向），m；

θ——轴偏角，（°）。

式（5-1）和式（5-2）在设计和生产中可根据具体情况选用。

椭球体的偏心率ε值，是表征放出椭球体体形和体积大小的参数。该值难于直接量取，通常是根据放出散体体积，反算出偏心率ε值。其计算式如下：

$$\varepsilon = \sqrt{\frac{3B_h^2}{4h_f^2} + 1 - \frac{12Q}{\pi h_f^3}} \tag{5-3}$$

式中 Q——放出散体体积，m^3；

其余符号与式（5-1）相同。

放出椭球体缺的长短半轴a和b，也是一个重要参数，可用式（5-4）计算：

$$\left.\begin{aligned} a &= \frac{B_h^2 + 4h_f^2(1-\varepsilon^2)}{8h_f(1-\varepsilon^2)} \\ b &= \frac{B_h^2 + 4h_f^2(1-\varepsilon^2)}{8h_f\sqrt{1-\varepsilon^2}} \end{aligned}\right\} \tag{5-4}$$

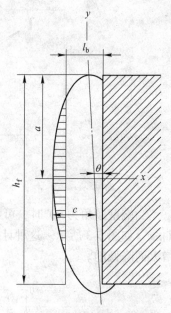

图 5-4   与端壁斜交的
放出椭球体示意图

h_f—放矿层高度；θ—轴偏角；
l_b—放矿步距

5.3 流动带形状

位于一定高度的流动带的形状可用上流宽度 B_w 和内流宽度 B_n 之比值来表示。当 B_w 与 B_n 之比值接近于1或等于1时，如图5-5（a）所示，矿岩接触面接近于水平下降。当 B_w 与 B_n 之比值小于1时，如图5-5（b）所示，流动带下端变小，流动带轴线部分下降快、贫化早。理想的情况是 B_w 与 B_n 之比值等于1，因为这时矿岩接触面近似平行下降，顶部贫化减少。在生产实践中，为了获得理想的流动带形状，必须全断面均匀铲矿。

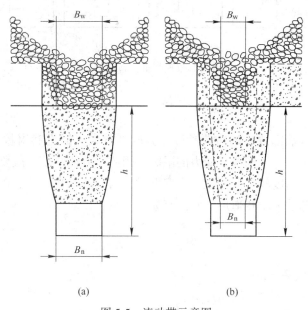

(a)   (b)

图5-5　流动带示意图

（a） B_w 与 B_n 之比值接近于1，或等于1的流动带；（b） B_w 与 B_n 之比值小于1的流动带

分段崩落法的结构参数，应根据矿石的流动规律和松散矿石的性质来确定，现分述如下。

5.3.1 回采进路的布置

回采巷道合理位置的选择，取决于流动带的形状及最大限度地回收回采巷道之间的矿柱的要求。为此下面用上下分段的回采进路呈菱形布置（图5-6a）和呈垂直布置（图5-6d）两种情况来说明。

菱形和垂直布置的放矿过程如图5-6所示。图5-6（a）和（d）是放矿前的状态，图5-6（b）和（e）是放矿中期状态，图5-6（c）和（f）是放矿量相同的情况。图5-6（f）中的废石到达回采巷道时，图5-6（c）中的废石还离回采巷道有一段相当大的距离。这表明，垂直重合的进路布置矿石贫化快、损失大，故生产中很少采用；菱形布置的回采巷道中的废石出现得晚、纯矿石回收率大、贫化率小、放矿效果好。所以在生产实践中均采用菱形布置。

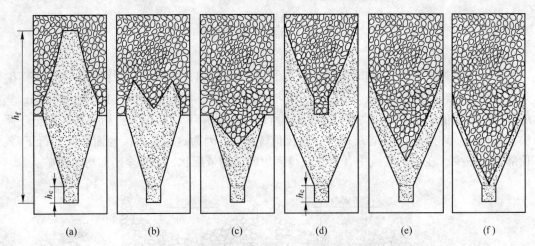

图 5-6   回采巷道菱形布置和垂直布置的放矿过程示意图

5.3.2   分段高度

分段高度是影响端部放矿的重要参数，分段高越大，掘进巷道量越少，采准比也越低；分段高度还受凿岩设备的凿岩能力的限制，因此，分段高度一般要根据凿岩设备的凿岩能力选取。在分段高度较小或分段重合率低时，为了取得良好的放矿效果，分段高度应与放出椭球体短半轴的大小相适应。它们有如下关系：

$$h_f \approx \frac{2b}{\sqrt{1 - \varepsilon^2}} \tag{5-5}$$

式中 h_f ——放矿层高，m；

b ——放出椭球体的短半轴，m；

ε ——放出椭球体的偏心率。

回采巷道菱形布置时，放矿层高度 h_f 可按式（5-6）计算：

$$h_f = 2h_d - h_c \tag{5-6}$$

然后就可以求得分段高度：

$$h_d = \frac{h_f + h_c}{2} \tag{5-7}$$

式中 h_d ——分段高度，m；

h_c ——回采巷道高，m。

在放矿过程中，如果放出高度（此处可视为放出椭球体高）等于放矿层高度，说明上部已采分段的废石已经混入。当放矿层高度与回采巷道间距不相适应时，放矿层过高将导致放出高度还未达到放矿层高度就发生贫化，使矿石损失增大；当放矿层过低时，顶部贫化大，回采巷道之间残留矿石增大。因此，确定最佳的放矿层高度是非常必要的。

近些年来，随着凿岩设备发展，钻孔深度和精度提高，一些矿山加大了分段高度，都由初始的 10~12m，逐渐加大到 15~20m，国外则达到 25~30m，分段高度的增大，使采准比大幅度降低，铲运设备的出矿效率也有明显提高。

5.3.3 回采巷道间距

在分段高度已定的条件下，崩落矿石层的形状与放出椭球体的形状应相符合。根据这一原则确定的回采进路间距如图5-7所示，即

$$l_h = 2b + B_h = h_f\sqrt{1 - \varepsilon^2} + B_h$$

（5-8）

式中 l_h——回采进路间距，m；

B_h——回采进路宽度，m；

其余符号意义同式（5-7）。

近些年大进路间距的采场结构回采方式也得到推广应用。大结构参数采场进路间距一般大于分段高度，如梅山铁矿目前采用的是 15m×18m（分段高度×进路间距）的采场结构，大红山铁矿则采用的是20m×20m 的大结构参数采场，国外基律纳铁矿采场结构参数则达到 25m×27m、28m×30m。分段高度和进路间距的加大，大大减少了巷道掘进量，采准比显著降低，崩矿强度大幅度提高。

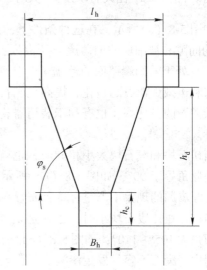

图 5-7   回采进路间距计算参数图

l_h—回采进路间距；h_d—分段高度；φ_s—放矿静止角；

h_c—回采巷道高度；B_h—回采巷道宽度

5.3.4 崩矿步距和放矿步距

在分段高度和回采巷道间距确定以后，另一关键采场回采参数就是崩矿步距或放矿步距。崩矿步距的大小对矿石贫化和损失影响较大，步距过大则正面损失大，过小则正面废石混入较快，贫化增大。合理的崩矿步距应通过室内实验和现场实践来确定。也可以依据最大放出椭球体的参数，先计算求出放矿步距的最大值和最小值，使其最大值与放矿椭球体短半轴的长度相等，由此可避免正面废石过早混入造成的正面贫化，否则残留矿堆高，矿石损失大；若使最小值等于放出椭球体的短半轴长度的一半，这样正面损失减少，但贫化率相应加大。因此，实际应用的崩矿步距应介于上述最大值和最小值之间。

若无底柱分段崩落法的端壁倾角为90°，最大的放矿步距可用式（5-9）计算：

$$l_b \approx \frac{h_f}{2}\sqrt{1 - \varepsilon^2}$$

（5-9）

式中符号与式（5-5）相同。

运用式（5-9）计算的放矿步距，是崩矿步距内整体矿石经过爆破后的碎胀值。也就是说，崩矿步距内的整体矿石在碎胀后的厚度应小于式（5-9）的计算结果，根据经验，一般少20%。

5.3.5 端壁倾角

前面已经指出，端壁倾角对放矿有影响。端壁倾角的大小取决于矿石块度与废石块度

的比值。

当矿石块度 d_k 比废石块度 d_y 大时，也就是它们的比值 $\left(\dfrac{d_k}{d_y}\right)$ 大于 1 时，应采用前倾端壁如图 5-8（a）所示。在这种条件下，只有一部分矿石（图 5-8（a）中 MN 线左边的矿石）的间隙易被细块的崩落废石所混入；另一部分崩落矿石（图 5-8（a）中 MN 线右边的矿石）处于前倾端壁面的遮盖下，从而阻挡了块度较小的废石向崩落矿石的间隙中渗漏，有利于减少矿石的贫化，提高纯矿石的回收率。大量实验表明，带有一定前倾角度，可降低矿石的贫化率，也有利于装药器装药和眉线保护。国外矿山大都采用前倾角度的炮孔设计。

当矿石块和废石块大小相同时，也就是 d_k 与 d_y 之比值等于 1 时，可采用垂直端壁，即端壁倾角等于 90°，如图 5-8（b）所示。因为矿石和废石的块度相等，因而流动速度相同，相互渗漏的现象不严重。这种布置在生产实践中得到了广泛的应用。

当矿石块比废石块小时，也就是 d_k 与 d_y 之比值小于 1 时，可以考虑采用后倾端壁，端壁倾角为 105°～110°，如图 5-8（c）所示。由于在这种情况下，矿石块小于废石块，放矿过程中，废石不容易发生渗漏。但后倾端壁容易造成废石的过早混入，使大量矿石被隔断，形成矿石损失；而且这种壁面其眉线也难以保存，故在实际生产中很少采用。

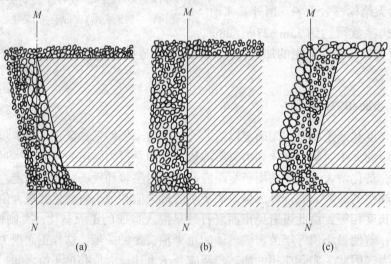

图 5-8　端壁倾角与矿石和废石块度比值的关系

5.3.6　回采进路断面的形状及规格

回采进路的断面一般有拱形和矩形两种。在拱形断面的宽回采进路中，如果矿石是粉矿，崩落矿石在其底板上堆积成"舌状"，如图 5-9（a）所示。"舌尖"妨碍在回采巷道全宽上均匀装矿，因而在这种条件下，应先装"舌尖"两侧的矿石，后装"舌尖"部分的矿石。

在矩形巷道中，松散矿石的铺落面与底板的接触线是一直线，如图 5-9（b）所示，适合于全断面均匀装矿。这种装矿方式可以减少矿石的损失和贫化。

为了降低放矿过程中的堵塞频率，必须增加放矿口的有效高度 h_x，如图 5-10 所示。

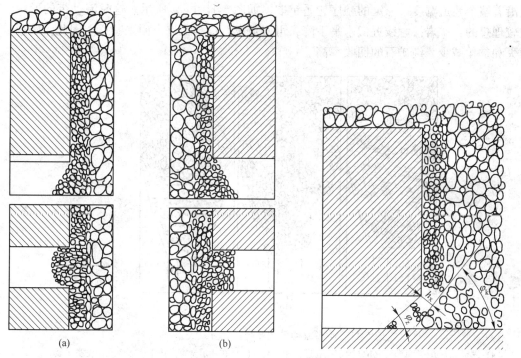

图 5-9　巷道形状与放矿制度的关系
（a）拱形回采巷道；（b）矩形回采巷道

图 5-10　回采巷道高度与放矿口有效高度的关系

由图 5-10 可知，放矿口的有效高度是倾角不相同的两个平面之间的距离；一个平面的倾角是崩落矿石的自然安息角 φ_z；另一个平面的倾角是崩落矿石被压实后的静止角 φ_k。这个静止角比自然安息角大，这是崩落矿石受到冲击后压实的结果。因此，决定进路高度时，要考虑放矿口有效高度 h_x 与上述两个平面之间的相互关系。一般进路高度不宜过高，过高将导致矿堆增厚，加大矿石正面损失。

回采巷道的宽度，是一个非常重要的参数，它直接影响松散矿石的流动。如果回采巷道的宽度大，放矿体就比较发育，有利矿石流动和回收，但影响巷道的稳固性；反之，回采巷道的宽度过小，则矿石流动性变差，放出体变瘦。而且铲运机只能在巷道中心一个点装矿，造成松散矿石流动中心速度过快，矿岩接触面容易弯曲，使矿石过早贫化。因此，必须正确地选择回采巷道的宽 B_h。宽度 B_h 的计算可参考以下经验公式：

$$B_h = 5d_{zd}\sqrt{K_{jz}} \tag{5-10}$$

式中　　d_{zd}——崩落矿石最大允许块的直径，m；

　　　　K_{jz}——校正系数，可从实验资料得出的校正系数 K_{jz} 的查算图查得。

5.3.7　铲取方式及铲取深度

为了有效地回收矿石，必须要有一个合理的铲取制度。如果固定在回采巷道中央或一侧装矿，如图 5-11（a）和图 5-11（b）所示，流动带下部宽度减小，使矿石流动局限一点，废石很快就到达出矿口，造成矿石过早贫化；同时流动带宽度小，也容易产生堵塞。理想的装载宽度应和巷道宽度相同。而实际上，装载机的装载宽度都比较小，因而，必须规定沿着整个巷道宽度按一定的顺序轮番铲取，如图 5-11（c）所示。这时流动带的形状是比较理想的，矿岩接触线近似水平下降，可避免废石过早地进入回采巷道。因此，矿石的损失和贫化减少，纯矿石的回收率高。

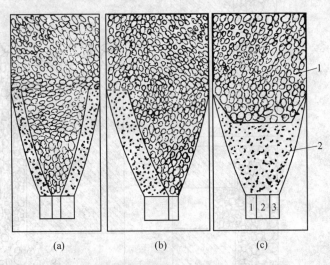

(a) (b) (c)

图 5-11　矿石流动带宽度与铲装方式关系

（a）固定在巷道中央铲装；（b）固定在巷道一侧铲装；（c）在巷道全宽上按 1、2、3 顺序轮番铲装

1—废石；2—矿石

铲取深度大，放矿口的有效高度就高；反之，有效高度小，放矿过程中的堵塞频率增大。理论上的最佳铲取深度，根据前述的散体力学中的最大主应力理论，可以得出图 5-12 所示的 β 角应等于 $\dfrac{90° - \varphi}{2}$。此处 φ 为散体的内摩擦角。对无黏聚力或黏聚力小的散体，可以近似地取自然安息角 φ_z 等于 φ。

于是可由图 5-12 的几何关系得出：

$$\gamma = \frac{90° - \varphi}{2}$$

$$\frac{h_c}{x + l} = \tan\varphi \qquad (5\text{-}11)$$

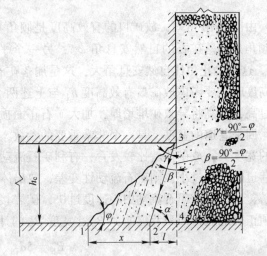

图 5-12　装载机最佳铲取深度

于是

$$h_c = x\tan\varphi + l\tan\varphi \qquad\qquad (5\text{-}12)$$

$$x = \frac{h_c - l\tan\varphi}{\tan\varphi} \qquad\qquad (a)$$

$$\frac{l}{h_c} = \tan\frac{90° - \varphi}{2}$$

所以

$$l = h_c \tan \frac{90° - \varphi}{2} \tag{b}$$

将式 (b) 代式 (a)，得

$$x = \frac{h_c - h_c \tan \dfrac{90° - \varphi}{2} \tan\varphi}{\tan\varphi} = h_c \cot\varphi - h_c \tan \frac{90° - \varphi}{2} \tag{5-13}$$

式中　x——最佳铲取深度，m。

所计算的最佳值，往往要铲取若干次以后才能达到。但这种情况只有在松散矿石流动性能稍差的情况下才能实现。因为，假如矿石流动性能好，每次铲取以后，矿石随即流出，恢复到铲取前的铺落位置，所以只有使用振动出矿机出矿时，才能按照理论上的最佳数值来选取它的埋设深，实现最佳出矿方式。

5.4　矿石贫化和损失与放矿管理

加强端部放矿管理，才能降低矿石贫化损失，获得好的放矿经济效果。无底柱分段崩落法的矿石损失大，主要由下列原因造成：

（1）分段高度、回采巷道间距和崩矿步距选择不合理，三者不相适应；回采顺序、方案设计不当，未注意回收靠近下盘和脉内巷道交叉处的矿石。

（2）爆破效果不好，大块多，产生立槽和悬顶。

（3）矿体不规则，边界圈定不准确，夹石夹层多，致使分段巷道位置布置不合理。

（4）放矿管理不善。

矿石贫化的原因，除了矿体内夹石未分采，或者没有专用废石井，造成废石和矿石相混以外，主要的原因是由放矿过程中崩落覆盖围岩的混入造成。

端部放矿时，矿石由一个不厚的竖向崩落矿石层中流出，且多面与废石接触，废石容易混入，特别当发生大块堵塞，矿石不能全断面流动时，废石就会过早混入。由此可见，矿石损失贫化大是端部放矿的一个突出的缺点。

生产中应采取综合有效的措施来降低端部放矿时的损失和贫化，如正确选择采矿方法结构参数、合理布置回采巷道；认真做好生产探矿工作；防止表土及细碎废石的渗漏；合理选择凿岩爆破参数，严格控制凿岩质量；加强放矿的技术管理，采用最佳放矿制度；合理确定放矿截止品位。

放出矿石的品位是放矿管理的主要依据，尤其是放矿截止品位，应严格控制。当出矿品位达到截止品位时，应立即停止放矿。截止品位与放出矿石的平均品位有密切关系。放出矿石的平均品位，可用加权平均算出，即

$$G_P = \frac{G_{g1}W_1 + G_{g2}W_2 + \cdots + G_{gn}W_n}{W_1 + W_2 + \cdots + W_n} \tag{5-14}$$

式中　　　G_P——n 次放出总的放出量的加权平均品位；
W_1，W_2，$\cdots$，W_n——第一次，第二次，$\cdots$，第 n 次放出量；
G_{g1}，G_{g2}，$\cdots$，G_{gn}——与 W_1，W_2，$\cdots$，W_n 相对应的品位。

当 G_P 等于最低极限品位时，品位 G_{gn} 就是截止品位。

5.5　无底柱分段崩落法进路间残留矿量的回收

如前所述，无底柱分段崩落法每一步距出矿结束时，两条进路之间存留有较大的矿石，人们将此种残留矿视为暂时损失矿量，因为进路呈菱形布置，下分段进路正好位于脊部残留体下方，下分段段回采时，该残留矿可完全回收。大进路间距的布置，就是利用上丢下拣的回采原理，使上分段部分矿量转移到下一分段放出。但当矿体倾角缓、厚度较小时，分段重合率低，则容易造成永久损失，由此将无底柱分段崩落法的适用条件限定于急倾中厚矿体和缓倾斜极厚矿体。若实行低贫化放矿或无贫化放矿时，将使脊部残留量进一步加大。对于缓倾斜和薄矿体一个突出的问题是如何调整采场结构来合理回收这部分残留矿量，以减少矿石的损失。有些矿山为回收这部分矿石，在有残留矿量的下盘部位，施工专门的回收进路。

对于正常矿体，脊部残留矿石一般通过下一分段回收，这正是进路菱形布置的意义所在。由于每一分段放矿仅能放出本分段负担矿量的一部分，一部分须转移到下一分段回收，而最下一个分段的残留矿量或矿体下盘三角矿体，故需在矿石残留体下方底板围岩里开掘进路，进行切岩采矿，如图 5-13 所示。

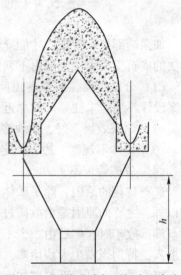

回收进路是位置最低的回采进路时，由它负担的回采矿量不具有向下转移条件，而所接上面分段转移或丢失的矿量都需在本分段回收，否则采场残存矿石将不能回收造成永久性矿石损失。因此，回收进路应采用截止品位放矿方式。

回收进路的放矿过程是，先放纯矿石，后放贫化矿。在纯矿石放出期，矿石品位一直保持稳定，随着贫化开始，矿石品位逐渐降低，最后达到截止品位，则停止放矿。

图 5-13　回收进路与开掘岩石高度

如回收进路布置在岩石中，首先放出的是岩石，逐渐变为纯矿石，放矿后期为贫化矿石，直至截止品位。当分段高度与进路间距一定时，贫化矿放出的数量及其综合品位，主要取决于开掘岩石高度。开掘岩石高度越大，岩石的混入量就越大，且综合品位越低。切岩的合理高度取决于矿体赋存条件和技术经济条件，需按矿山实际技术经济指标计算确定。对每一回采切岩高度，都应运用崩落矿岩移动规律，尽可能减少回收进路的废石放出量与混入量。

对于开掘在下盘岩石中的进路，为减少废石放出量，可通过增大边孔角度少崩废石，来增大进路之间废石的残留（存留）量。也可通过加大崩矿步距来增大废石的端部（正面）残留量。此外，矿岩也可采用分出分储，以减少放出废石的混入量。

切岩回收进路的应用，解决了缓倾斜矿体无底柱分段崩落采矿法下盘三角矿体的回采问题，可使采场内矿量得到充分回收，也为其上各分段实行低贫化放矿或无贫化放矿创造了回收条件，同时使无底柱分段崩落法适用范围得以拓宽。

总之，放矿方式应与采场结构合理搭配，根据矿体赋存条件，选择采用组合截止品位放矿、低贫化放矿或无贫化放矿方式，最大限度地降低矿石的贫化率，提高回收率，以充分发挥无底柱分段崩落采矿法高效、安全、成本低的优点。

5.6 矿 山 实 例

5.6.1 梅山铁矿无底柱分段崩落采矿法

5.6.1.1 无底柱分段崩落采矿法

A 地质概况

梅山铁矿为一大型盲矿体，埋深在-34~-542m水平之间，距地表最浅处为105.5m。矿体呈透镜状产出，长约1370m，宽约824m，平均厚度约134m。矿体致密坚硬，$f=9$~15，矿体稳固，巷道一般不需支护，局部地段裂隙和溶洞较发育。含铁品位富矿49.24%，贫矿32.93%，含硫、磷较高。矿体上盘为安山岩，$f=2$~11。其中高岭土化强烈的安山岩遇水易风化崩解，稳固性差，其他属中等稳固，能自行崩落。下盘为辉石闪长玢岩$f=8$~9，属中等稳固。

B 矿块布置及参数

该矿采用无底柱分段崩落法开采，如图5-14所示。初期设计分段高度10m，进路间距10m，运输阶段高度120m，辅助阶段高度60m。

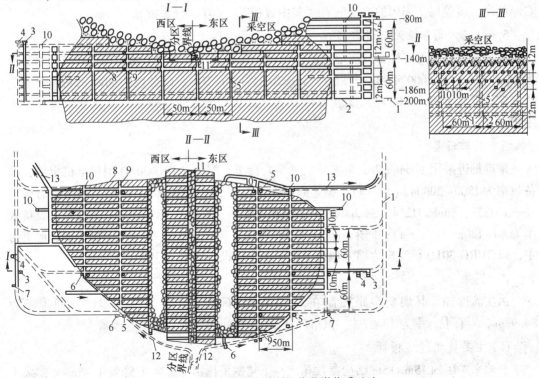

图5-14 梅山铁矿无底柱分段崩落采矿法

1—沿脉运输巷道；2—运输横巷；3—电梯井；4—设备井；5—矿石溜井；6—人行风井；7—废石溜井；8—采矿巷道；9—联络道；10—回风天井；11—切割槽；12—进风巷道；13—回风巷道

由于矿体厚大，自 -100m 水平开始将矿体沿走向划分为东西两个采区，每个采区设有独立的运输、通风系统。在采区内再划分为矿块，以矿块为单元进行回采。矿块沿长轴方向 60m，垂直走向 50m。每个矿块布置放矿溜井和通风天井各一条。分段高 12m，进路间距 10m。进路垂直矿体长轴方向并在空间呈菱形交错布置。运输联络巷道沿矿体长轴方向布置，间距 50m。进路与联络道规格为 4.2m×3.2m。为解决采掘设备运送，在北区 -100~-200m 开掘一条采区斜坡道，其直线坡道 15%，弯道坡度 0%~2%，断面（宽×高）4.5m×5m 和 3.5m×3.3m，曲线半径为 10m。

切割工作一般采用切割平巷和切割天井联合拉槽法或利用矿体构造裂缝进行。

C　回采

用 CZZ-700 型凿岩台车配 YGZ-90 型凿岩机打上向中深孔，孔径 58mm，边孔角 50°，排面倾角 90°，每排孔 11~12 个；孔总长 100~120m，排距 1.6~1.8m，孔底距 1.5m，每米崩矿量 5.4~6.0t。采用铵松蜡炸药爆破，用 FZY-100 型气动装药器装药，炮孔装药系数约为 85%，每次爆破一排，用导爆索和毫秒导爆管联合爆破，每次崩矿量 720t 左右，一次炸药单耗 0.35kg/t。用 ZYQ-14 型气动装岩机或 2m³ 的铲运机出矿。装运机出矿效率为 76~80kt/a，2m³ 铲运机出矿效率为 118~133kt/a。

D　覆盖层的形成

该矿为一大型盲矿体，上覆岩石厚约 100m 以上，并在 -80m 分段以上有一层厚约 20m 的"铁冒"。为此，该矿在开采初期采用了强制崩落上盘岩石的措施，以形成 20m 左右厚的废石覆盖层。采用的方案既有"集中放顶"，又有"分散放顶"。

5.6.1.2　高分段无底柱分段崩落采矿法

高分段大间距无底柱分段崩落采矿法是梅山铁矿现在应用的采场结构，其结构参数曾为 15m×15m。从 2000 年起，开展了 15m×20m、18m×20m、高分段大间距无底柱分段崩落采矿法工业实验。2003 年，实验取得成功。目前，这两种结构参数已在全矿得到推广应用。

A　采矿设备

采准掘进采用 Boomer 281 型液压掘进凿岩台车，配备 TORO-301D 型铲运机出渣，设备效率为 1800~2000m/(台·a)，掘进断面大都为 4.5m（宽）×4m（高）；回采凿岩采用 Simba H252、Simba H254、Simba H354 型液压采矿台车钻凿 φ78~100mm 中深孔，设备效率为 80~120km/(台·a)；回采出矿以 TORO-400E、TORO-007、TORO-1400E 型铲运机为主，以 TORO-301D 铲运机为辅完成回采出矿工作，设备效率为 350~700kt/(台·a)。

B　回采

由实验得知，其崩矿步距控制在 3~3.6m 之间为好。其阶段平均矿石回采率为 84.93%，岩石混入率为 13.37%，该指标比 15m×15m 的结构参数略有改善。

C　主要技术经济指标

与原来采用的 15m×15m 结构参数相比，千吨掘采比由 2m/kt 下降到 1.43m/kt；采矿强度由 40t/(m²·a) 提高到 62.67t/(m²·a)；采矿成本下降到 37.74 元/t，降低了 16.14%；全员劳动效率达到 2661t/(人·a) 提高将近 1 倍。

5.6.2 北洺河铁矿高分段无底柱分段崩落法

5.6.2.1 概况

北洺河铁矿主矿体长 1620m，宽 92~376m，厚度 40~160m，平均厚度 44.91m。双背斜构造，倾角 6°~60°，平面图上矿体呈向南突出的新月形，横剖面上呈大小不等的透镜体，在纵剖面图上呈变化较大的蠕虫状，是典型的厚大矿体。现用高分段大结构参数无底柱分段崩落法开采。

5.6.2.2 结构参数

−50m 首采（辅助）阶段和−110m 阶段采用的结构参数为 15m（高）×18m（宽）。对于下部厚大矿体用 20m×21m 结构参数进行开采。现对 15m×18m 结构参数使用情况予以简介。

在设计该结构参数时，遵守下列三条规则：

（1）按不少于三个分段回采的原则，确定主采矿段的分段高度。

（2）进路间距的取值原则，保证每一个分段最大限度地放出纯矿石，同时为下分段形成良好的矿岩接触面条件（因第一分层以放顶为主，又采用低贫化放矿，采场存留矿量较多之故）。

（3）底部回收进路与加密进路相结合，充分回收近底板部位矿量。

5.6.2.3 采准布置

采准布置如图 5-15 所示。由于顶板围岩比较破碎，可随着回采自然冒落，因此，首采分段布置在矿体之内，一方面用来采矿，一方面兼作放顶巷道。第 3 分段的进路布置在底板岩石之内，且加密进路条数，以减少矿石损失。

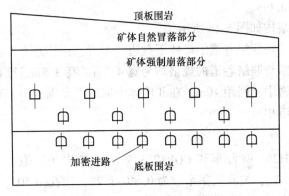

图 5-15 15m×18m 采准工程布置

5.6.2.4 凿岩爆破参数

排距采用大小排相间式，大排在前，排距为 2.0m，小排在后，排距为 1.7m。第 1 分段边孔角取 47°，第 2 分段边孔角取 57°。两排同时爆破，即崩矿步距为 3.7m，每米炮孔崩矿量约为 10t/m，爆破效果良好，大块率在 6%以下。

5.6.2.5 放矿

采用低贫化放矿。第 1 分段崩下的矿量大都存留在采场中，待到第 3 分段放出。

该采矿方案，减小了采准工程量，降低了采矿成本，缓解了地压对工程的破坏，为矿岩不稳固的矿山提供了一个很好的采矿方案。

5.6.3　镜铁山铁矿高分段无底柱分段崩落采矿法

5.6.3.1　地质概况

该矿由桦树沟和黑沟两个矿区组成，实验是在桦树沟区。该区为一沉积变质铁矿床，赋存于寒武奥陶纪含铁千枚岩中，整合于黑色与灰绿色千枚岩之间。该矿床由 7 个条带状矿体组成，在平面上呈 N45°~65°。W 方向平行展布。矿区内的矿岩层皆呈紧密的等斜直立倒转的复式向斜褶皱，并被大逆断层斜切为东西两部分。东部为两个平行排列的向斜，即北面的Ⅰ、Ⅱ矿体和南面的Ⅲ、Ⅳ矿体；西部为一个向斜和一个单斜，即南面的Ⅵ、Ⅶ矿体和北面的 V 号矿体。矿石品位为 37.86%，密度为 $3.78t/m^3$。单轴抗压强度：矿石为 120~160MPa，千枚岩为 50~100MPa。

实验矿块位于Ⅱ矿体西部 14~16 号勘探线之间，走向 N57°W，倾向 SW，倾角65°~80°，矿厚平均 52m。矿块长 140m，高为 20m，宽等于矿厚。整个矿块的矿石稳固性极好，但靠上盘部分稍差。上盘黑灰色千枚岩因距地表较近受风化影响，稳固性较差；下盘灰绿色千枚岩稳固性较好。

实验矿块的上部和东部矿块已用 10m×10m 的结构参数采完。因此，20m×20m 结构参数并非是完整菱形结构，而是一个过渡段的结构。

5.6.3.2　结构参数与采准切割

实验采用结构参数为：分高度 20m，进路间距有 20m 和 15m 两种。放矿实验研究表明，分段高度为 20m，进路间距为 20m 或 15m 的情况下，合理的放矿步距在 5~6.5m，实际推荐的崩矿步距为 3.6m。

采矿方法的标准结构如图 5-16 所示。

采准布置：分段运输联络巷道沿矿体下盘边界布置；进路垂直矿体走向布置，并尽量呈菱形交错布置。进路与联络巷道的规格均为宽 4.5m，高 3.8m，断面为 $15.62m^2$。矿石溜井都布置在下盘围岩中，间距 40m。在Ⅱ矿体中部的下盘围岩中，布置有一条采区斜坡道，可直接与主斜坡道相通。

5.6.3.3　回采

凿岩采用 Simba H252 型台车和 COP1238 型液压凿岩机。炮孔直径 $\varphi64mm$，排距 1.8m，孔底距 1.6~2.2m，炮孔密集系数为 0.89~1.22，边孔角 50°，排面倾角 85°~90°。采矿台车的凿岩效率为 3799.9m/(台·月)。

装药用国内研制的 DEY-220 型装药车进行。该装药车装药速度 1m/s，炸药为铵松蜡粉状炸药；炮孔装药系数 0.9 左右。用导爆索和导爆管起爆。每米炮孔崩矿量，20m 间距者为 9.2t/m，15m 间距者为 7.8t/m，大块率分别为 8.8% 和 6.9%。

出矿用 EST-52 型电动铲运机进行，该机斗容为 $3.8m^3$，出矿效率为 20072 t/(台·月)。

5.6.3.4　主要技术经济指标

主要技术经济指标见表 5-1。

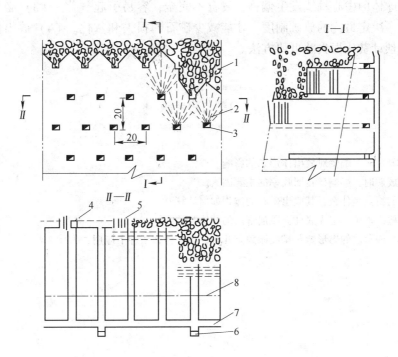

图 5-16　高分段无底柱分段崩落法 20m×20m 结构

1—崩落废石；2—采矿炮孔；3—进路；4—切割天井；5—切割炮孔；

6—矿石溜井；7—运输联络巷道；8—矿体边界

表 5-1　不同分段高度主要技术经济对比指标

指标名称	10m 分段高度	20m 分段高度
矿石回收率/%	88.99	85.23
矿石贫化率/%	11.04	11.15
掘采比/m·kt^{-1}	8.33	3.15
采出矿石品位/%	33.80	32.10
采矿强度/t·(a·m^2)$^{-1}$	14.83	44.46
每排炮孔崩矿量/t	700	2075
每米炮孔崩矿量/t·m^{-1}	5.84	8.50
炸药单耗/kg·t^{-1}	0.65	0.46

从表 5-1 中可以看出，20m 分段高度的各项指标，除回采率外，都比 10m 分段高的有显著的改善。如 20m 分段高度的各项指标，除回采率外，都比 10m 分段高的有显著的改善。如掘采比降低了 1.3 倍，采矿强度提高了 1.5 倍，每排炮孔崩矿量提高了近 2 倍。其中，采掘比的降低可节约 5 元/t，可使采矿成本降低 20% 左右，可见其经济效益是相当显著的；同时为充分发挥大型无轨采矿设备效率和提高矿山生产能力创造了良好的条件。

———— 本 章 小 结 ————

（1）本章阐述了端部放矿理论及其应用。（2）端部放矿时，由于待采端壁的影响，使得放出椭球体的中心轴线发生偏移，发育不完全，容易引起贫化。（3）必须掌握矿石的流动规律，决定最优的放矿制度，才能减少矿石的损失和贫化。（4）放出体体积的计算公式，是预计贫化损失的重要方法。

习题与思考题

5-1 简述端部放矿时，端壁对放出体形态的影响。

5-2 简述端部放矿时，影响矿石回收率的主要因素。

5-3 端部放矿的特点是什么，其放出矿石的体积如何计算？

5-4 如何运用放矿理论确定无底柱分段崩落法的结构参数？

5-5 无底柱分段崩落法的扇形炮孔排面倾角有几种，各在什么条件下应用，为什么？

6 散体振动放矿机理

本章学习要点： （1）振动对散体流动性的影响；（2）振动对放出体积的影响；（3）振动出（给）矿机的工作原理；（4）振动出（给）矿机的结构。
本章关键词： 振动；内摩擦角；振动台面；弹性元件；惯性激振器；电动机及弹性电机座。

6.1 概　　述

借助振动力和重力的作用，强制促使松散的矿石自采场或溜井放出的放矿方法，称做振动放矿。与重力放矿相比，振动放矿条件有显著的改善。重力放矿是利用松散矿石的重力，来克服矿石间和采场周壁的摩擦力使矿石流出的被动放矿方式；而振动放矿是属于主动的放矿，在振动出矿机的强烈的振动作用下，崩落矿石被松动且沿振动平台不断向前移动，实现连续放矿和小角度放矿，从而扩大矿石流动的范围，增加了放矿口的有效高度，减少了放矿口的堵塞，使放矿口通过能力增加，提高了出矿强度。

长期的生产实践证明，在重力放矿的条件下，要实现连续放矿，大幅度提高放矿生产能力是有一定的困难的，为了提高放矿效率而采取的许多措施，大都因客观条件的限制而难于实现。特别对于一些流动性差的散体矿岩，采用重力放矿更加困难，经常发生悬顶等问题，严重影响出矿效率。而通过振动则能减弱散体介质颗粒间的摩擦力，调节散体介质的流动速度，消除悬顶，实现连续放矿。因而采用振动放矿技术，是提高放矿效率的有效途径之一。

现矿山溜井放矿和主井装载给矿大都采用振动放矿机，提高了放矿安全性和矿石的放出能力。下面通过两种放矿结构的比较，进一步证明振动放矿的优势所在。

重力放矿时，矿石通过口的高度可用式（6-1）计算，即

$$h_x = (h_y - l_2 \tan\varphi_k) \cos\varphi_k \tag{6-1}$$

式中　h_x——放矿口的有效高度，m；

　　　l_2——正面护檐 B 到矿堆边缘 A 连线 AB 的投影距离，m；

　　　φ_k——矿堆的静止角（比自然安息角大 4°~7°），（°）；

　　　h_y——护檐距巷道底板的高度，m。

振动放矿时，矿石通过口的有效高度可用式（6-2）计算，即

$$h'_x = B_s \tan\varphi_y \tag{6-2}$$

式中　h'_x——矿石通过口的有效高度，m；

　　　B_s——塌落宽度，指矿石在振动出矿机上铺落的坡底顶点到正面护檐的水平投影

　　　　距离，m；

　　　φ_y——载压自然安息角，(°)。

　　通过两种放矿方式放矿口高度的变化比较，可以看出，振动放矿的矿石通过口的高度要密度力放矿大。这是因为使用振动设备后，振动台可按水平或5°~10°的坡度布置，使得死矿堆静止角φ_k大大减小，同时防止了死矿堆的延伸，因而通过口显著加大，矿石的通过能力显著增强。

　　此外，由于使用了振动设备，大大减少了放矿口的矿石堵塞。如大块受阻于通过口，振动台可迫使大块在通过口内摇晃颠动，一旦大块在放出方向的尺寸略小于通过口时，大块便被放出。因此，放矿口通过能力系数（放矿口尺寸与合格大块尺寸的比值）从3降低到1.3~2，从而增加了合格大块的尺寸（可以由0.5m提高到0.8~1m）。在没有井下破碎站的矿山，合格大块尺寸甚至可以提高到1.0~1.2m，从而大大减少采区的二次破碎量。

6.2　振动散体的流动性规律

6.2.1　振动放矿机理

　　振动机的振动器产生的振动能，是通过振动平台台面在松散矿石中以振动波的形式进行传播的，但不是所有的矿石都受到同样强度的振动。尽管不同层位中的振动频率相同，但振幅却变化很大，与振动平台直接接触的矿石层以一定的振幅振动，离平台愈远振幅愈小，并且逐渐减小到零。较远层位的振幅变小，是由摩擦力和不能恢复的变形使振动脉冲在逐层传导过程中逐渐减弱所致。

　　在振幅减弱的同时，上下相邻层位间有相位滞后，并且上层的水平运动速度小于下层的水平运动速度。这是由于振动平台发出的振动脉冲，不是同时传递到所有的矿石中，而是由底层逐渐向上层传递的缘故。因此，振动平台振动产生的能量主要用于克服重力、摩擦力和不能恢复的变形上。

　　振动放矿时，松散矿石不但在重力作用下运动，还受到振动出矿机给予的垂直和水平两个分力的作用。垂直放出方向的分力使矿石振动，改善了放出矿石的流动性；而作用在矿石运动方向的分力，使矿石沿平台台面向前移动并连续放出。

　　振动放矿机的放矿是利用安装在振动台底部的振动器，靠偏心块在旋转运动中产生的离心力驱动台面作往复振动台振动来实现的。当振动台振动加速度的垂直分量大于重力加速度时，台面上的矿石即被抛离台面，并以由台面获得的这种初速度，在空间按抛物线继续向前运动。在运动过程中，矿石受到重力作用落下的某一瞬间与台面接触，并随台面运动，直至下一次被抛起。这些矿石相对于振动台面做周期性的跳跃运动，也就是矿石沿台面的连续运输过程。由于振动平台的频率很高、振幅很小，松散矿石被抛起的高度也很小，一般只能观察到松散矿石在平台面上能够向前做连续流动，而看不到跳跃现象。只有少量的矿石颗粒在平台面上运动时才能看见微小的跳跃运动。

6.2.2　受振散体的流动特性

　　散体由大量颗粒组成，就单个颗粒而言，它具有固态的性质；但由于散粒自重的影响，就整个散体而言，它又具有流动性。因颗粒相互间的摩擦力较大，其流动性是有限的。内摩擦角是表征散体内摩擦力大小的重要参数，内摩擦角愈大，颗粒间的内摩擦愈大。内摩擦角的变化也反映了散体流动性的变化。因此，内摩擦角 φ_n 是表征散体流动性的基本物理量。通常所说的内摩擦角，是散体颗粒间的接触面在力的作用下未发生滑动，但是已存在滑动趋势时的静内摩擦角。它受散体颗粒组成、颗粒形状、孔隙度、湿度及剪切速度等因素影响。对某特定的散体来说，静内摩擦角可看作是定值。但当散体受到外加的振动以后，内摩擦角将发生变化。

可以使用受振散体加速度的大小来衡量其获得振动能的多少，具有加速度的散体颗粒将产生惯性力。此力的大小不但与振动强度有关外，还与散体颗粒的质量成正比。颗粒的惯性力在散体中表现为颗粒间的相互作用力。由于散体中颗粒的形状、大小和方位的不同，每个颗粒与相邻颗粒有多个接触点，因此颗粒间相互作用力的数目、大小和方向具有随机性。颗粒承受的作用力是三维的，这些大小不同的作用力，其合力可能通过该颗粒的质心或偏离质心，促使颗粒失去平衡，颗粒间出现滑动或滚动。散体中大量颗粒失去平衡，颗粒间产生相对运动，由静摩擦过渡到动摩擦，从而使散体抗剪强度下降。

在振能传播的有效范围内，特别是强振区内，例如，处于只有三面侧限的受矿巷道底部的矿岩散体，会获得较大的加速度值。在动力的强烈扰动下，散体表现为更加松散，抗剪强度尤其会发生显著地下降。

另外，振动能以波的形式传播过程中，散体发生剪切变形和压缩变形，颗粒间的接触点上将产生新的应力。接触应力的存在，也是散体的抗剪强度降低的原因之一。

受振散体流动性的增大，有利于实现放出散体的畅流（不卡块、结拱和堆滞），如果散体是矿岩，那么振动出矿可提高出矿强度，降低矿石的损失、贫化等。

以上阐述的散体在振动作用下流动性的改善，是在正常振动条件下的散体放出过程中发生的，即散体是处于非四周侧限的条件下。如果封闭放出口，不允许散体放出，在这种条件下施以振动，则散体的空隙比将变小，散体振实，也就无流动性改善可言。

在相同的振动作用下，随着法向压力的增加，使得散体物料间的内摩擦力增大，颗粒间难以移动，从而使物料的振动压实程度减少。在给定法向压力的作用下，当振动加速度超过某一限值时，物料的振动压实程度才趋于稳定。

对于振动作用下的含水细粒物料，在有侧限的情况下，还可能出现"液化现象"，即振动作用使饱和散体的孔隙水压力急剧增大，从而失去抗剪强度，变成悬液状态。随着孔隙水逐渐排出，孔隙水压力逐渐消失，细粒物料逐渐沉降堆积，并重新排列出较为密实的状态。物料的粒径越均匀或越小，越容易发生液化。这种振动液化现象，对存储的饱和细粒物的放出和运搬有一定的利用价值。

6.2.3 振动对放出体积的影响

为了评定振动对放出体积的影响程度，提出了一个开始贫化前放出体积的比较系数 K_p，也就是振动放矿的放出体积与相应条件下重力放矿放出体积之比，即

$$K_p = \frac{Q_d}{Q_t} \tag{6-3}$$

式中　　K_p——开始贫化前放出体积的比较系数；

Q_d——振动放矿时的放出体的体积，m^3；

Q_t——与振动放矿相同放矿条件下的重力放矿时的放出体积，m^3。

比较系数与放矿层高度有关。放矿层高度小，比较系数大，振动放矿椭球体的偏心率值也就小。模拟实验表明，放矿层高度在 $12 \sim 25m$ 的区间内，比较系数由 1.17 变化到 1.42。也就是说，在这样的条件下，振动放矿的放出体积密度力放矿大 $0.17 \sim 0.42$ 倍。

比较系数与振动出矿机的振动频率、振幅及激振力等振动参数有关。研究结果表明，随着振动频率或振幅的增加，比较系数增大，但增加较慢，这表明，振动放矿的放出体积是随振动频率和振幅的增大而缓慢增大的。

在振动频率为 $1200r/min$ 的条件下，对四种生产实际中应用较普遍的激振力（6t、8t、10t、12t）进行模拟实验得知，激振力在一定的范围内变化对放出体形影响不大，当放矿层高度不变时，放出体积的变化仅在 10% 以内。

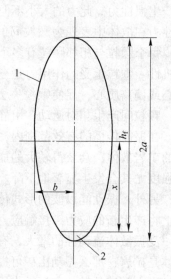

实验证明，端部振动放矿时，松散矿石的放出体形的垂直断面是椭圆形，与重力放矿相似。但其水平剖面是由三个不同的几何图形组成的：A 为椭圆柱体，B 为半椭圆柱体，C 为旋转椭圆体。图 6-1 所示是端部振动放矿时的放出体形图。

贫化前放出的松散矿石的体积 Q_d 等于放出图形的总体积 Q_{zt} 和被振动台所切割的体积 Q_q 之差，即

$$Q_d = Q_{zt} - Q_q \tag{6-4}$$

放出图形的总体积 Q_{zt} 等于椭圆柱 Q_{zh}、半椭圆柱体 Q_b 和旋转放出椭球体 Q_f 的体积之和，即

$$
\begin{aligned}
Q_{zt} &= Q_{zh} + Q_b + Q_f \\
&= \pi abc + \frac{1}{2}\pi a\left(b - \frac{B_d}{2}\right)B_d + \frac{2}{3}\pi a\left(b - \frac{B_d}{2}\right)^2 \\
&= \frac{2}{3}\pi a^3(1 - \varepsilon_z^2) + \frac{1}{6}\pi a^2(6c - B_d)\sqrt{1 - \varepsilon_z^2} - \frac{1}{12}\pi a B_d^2
\end{aligned}
\tag{6-5}
$$

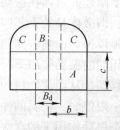

图 6-1　端部振动放矿的几何图形
1—贫化前放出的矿石体积 Q_d；
2—被振动台面所切割的体积 Q_q

式中　a，b，c——椭圆柱体及放出椭球体的三个半
　　　　　　　　　轴之值，m；
　　　　B_d——振动出矿机台面的宽度，m；
　　　　ε_z——振动放矿时放出椭球体的偏心率。

被振动出矿机振动台切断的体积 Q_q 可用积分方法求得，即

$$Q_q = \frac{2bc}{a}\int_{x=na}^{x=a}\sqrt{a^2 - x^2}\,dx = \frac{1}{2}a^2 c\sqrt{1 - \varepsilon_z^2}\left(\frac{\pi}{2} - \sin^{-1}K_t - K_t\sqrt{1 - K_t^2}\right) \tag{6-6}$$

式中　K_t——椭球体长半轴与切断高度之比例系数；

其余符号与式（6-7）相同。

将式（6-5）和式（6-6）代入式（6-4）中，经整理，可以得出振动放矿时，贫化前

的松散矿石体积 Q_d :

$$Q_d = \frac{\pi \xi^2}{768 h_f^3 (1 - \varepsilon_z^2)^2} \left[\xi + 2h_f (6c - B_d) \sqrt{1 - \varepsilon_z^2} \right] - \frac{\pi B_d^2 \xi}{96 h_f \sqrt{1 - \varepsilon_z^2}} -$$

$$\frac{\xi^2 \sqrt{1 - \varepsilon_z^2}}{128 h_f^3 (1 - \varepsilon_z^2)^2} \left(\frac{\pi}{2} - \sin^{-1} \frac{\lambda}{\xi} - \frac{4 B_d h_f \lambda \sqrt{1 - \varepsilon_z^2}}{\xi^2} \right) \tag{6-7}$$

式中 $\xi = 4 h_f^2 (1 - \varepsilon_z^2) + B_d^2$;

$\lambda = 4 h_f^2 (1 - \varepsilon_z^2) - B_z^2$;

ε_z ——振动放矿时放矿椭球体的偏心率;

h_f ——放矿层高度, m;

其余符号与式 (6-5) 相同。

实验证明, 在放出高度大的情况下被振动台切断的体积占的密度不大, 可以忽略不计, 这样就简化了振动放矿时的体积计算, 即

$$Q_d = \frac{\pi \xi^2}{768 h_f^3 (1 - \varepsilon_z^2)^2} \left[\xi + 2h_f (6c - B_d) \sqrt{1 - \varepsilon_z^2} \right] - \frac{\pi B_d^2 \xi}{96 h_f \sqrt{1 - \varepsilon_z^2}} \tag{6-8}$$

式中符号与式 (6-7) 相同。

式 (6-8) 是计算无底柱分段崩落法垂直端壁时的振动放矿体积的常用公式。

式 (6-6)、式 (6-7) 及式 (6-8) 中的偏心率 ε_z 值, 是有振动力作用下的放出椭球体的偏心率。该值可以由实验得出, 也可以按式 (6-9)、式 (6-10) 进行计算。

设
$$x = \sqrt{1 - \varepsilon_z^2} \tag{6-9}$$

则
$$\varepsilon_z = \sqrt{1 - x^2} \tag{6-10}$$

在椭球体长半轴 a、短半轴 b、放矿层高度 h_f 以及振动出矿机的台面宽度 B_d 之间, 有如下关系式:

$$\frac{h_f}{2} \left[1 + \frac{B_d^2}{4 h_f^2 (1 - \varepsilon_z^2)} \right] - \frac{b}{\sqrt{1 - \varepsilon_z^2}} = 0 \tag{6-11}$$

将式 (6-9) 代入式 (6-11), 即

$$4 h_f^2 x^2 - 8 h_f \cdot b_x + B_d^2 = 0 \tag{6-12}$$

h_f、B_d 为已知, 将 h_f 和 B_d 代入式 (6-14) 中, 可解出 x 值。将 x 值代入式 (6-10), 便可求出振动放矿椭球体的偏心率。

还可借助重力放矿时的偏心率计算公式来求算振动放矿时的偏心率。因此, 底部放矿时可以用式 (3-3): $Q = \frac{\pi}{6} h^3 (1 - \varepsilon^2) + \frac{\pi}{2} r^2 h \approx 0.523 h^3 (1 - \varepsilon^2) + 1.57 r^2 h$, 端部放矿时可以用式 (5-9): $l_b \approx \frac{h_f}{2} \sqrt{1 - \varepsilon^2}$ 计算振动放矿时的偏心率值。

6.2.4 振动场内连续矿流的形成

振动出矿是部分借助矿石重力势能的强制出矿。矿石的放出是重力与激振力联合作用的结果。

　　研究表明，振动台面的松散矿石承受的上部压力是很大的。在视为连续均布的载荷 F 的作用下，出矿巷道顶板水平以下 $OMNAB$ 似长方体的松散矿石，将产生一个水平推力（图6-2)，该力作用于假想的挡墙 OBC 三棱柱体（以下简称 OBC 体)。

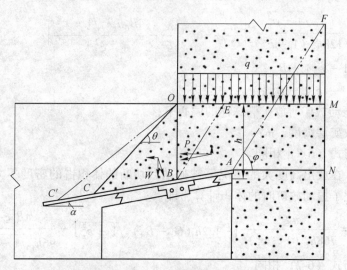

图 6-2　振动台面上矿石的极限平衡状态

　　假定 OB 面上不产生摩擦，则其受力情况便和一垂直光滑的挡墙相似。在水平推力的作用下，若 OBC 体向前产生微小移动，OBE 三角棱柱体（以下简称 OBE 体）将相应向下滑动。在 OBE 体濒临于向下滑动的主动极限平衡瞬间，根据土压力理论，施于 OB 面的单位宽度上的总主动压力 p 为：

$$p = \frac{1}{2}\gamma h^2 \tan^2\left(45° - \frac{\varphi_n}{2}\right) + Fh\tan^2\left(45° - \frac{\varphi_n}{2}\right) \tag{6-13}$$

该力作用在 B 点以上的 $\frac{h}{3} \sim \frac{h}{2}$ 之间。

　　若把矿石视为非黏结性的，则 BE 滑动面为一平面，该平面与水平面的夹角为 $45° + \frac{\varphi_n}{2}$。

　　将 p 分解为平行与垂直 BC 面的两个分力 $p\cos\alpha$ 和 $p\sin\alpha$，前者是使 OBC 体向前滑动的力，后者是与 BC 面垂直向上的力。设 OBC 体的自重为 W，它可分解为与 BC 面平行的滑动力 $W\sin\alpha$ 和与 BC 面垂直的分力 $W\cos\alpha$。垂直分力与 $\tan\varphi_n$（φ_n 为矿石对振动台面的外摩擦角）的乘积为抗滑力。

　　设振动台面的宽度为 b，当 OBC 体在各力作用下处于静平衡状态时，可得到式（6-14)、式（6-15)：

$$bp\cos\alpha + W\sin\alpha = (W\cos\alpha - bp\sin\alpha)\tan\varphi_n \tag{6-14}$$

$$W = p\frac{b\cos\alpha + b\sin\alpha\tan\varphi_n}{\cos\alpha\tan\varphi_n - \sin\alpha} \tag{6-15}$$

　　显然，W 是 p 的函数。当 p 值增大时，OBC 体必然相应增大（即振动台面上 C 点外移），或者说，台面上矿石的承压静止角 θ 必然减小。

因此，当台面矿石处于平衡状态时，作为挡墙的 OBC 体是自眉线 O 、按 θ 角塌落的矿石三角棱柱体，这时的塌落坡底是定点 C 。

而当振动台面由静态进入某一强度的振动时，由于受振矿石的动力效应，OBC 体将随着出现新的变化。

如前所述，振能的传播将使松散矿石的内摩擦角减小，总主动压力 p 显著增大。同时，由于台面的振动，外摩擦系数 $\tan\delta$ 将会减小。式（6-14）表示的静态平衡将遭到破坏，致使 OBE 体沿 BC 面下滑，连同 OBC 体向卸矿端方向移动。OBC 体的坡底 C 将延伸到 C' 。

当振动出矿机的工作状态系数 K 值大于1或近于1，而台面的振动又是持续的情况下，则矿石三棱柱体的滑移将是动态的连续过程。这时将出现全断面的矿石流动，滑动面将由 BE 发展到 AF 。此时将形成连续的振动出矿过程。

受振矿石由静止过渡到运动，是台面松散矿石上部的压力与激振力同时施加的结果（其中激振力起着主导作用）；由于两力的持续性保证了放出矿流的连续性。

振动台面上的连续矿流，在不同厚度层上的矿石的输送速度是不相同的。矿流底层的矿石处于跳动或滑动状态，振能通过底层传递到上部。若把振动台面上水平运搬的矿石看作许多不变形的、高度为 Δh 的基元分层，分层间有黏性摩擦作用，则作用于分层上的力有相邻分层的摩擦力、分层的侧面摩擦力、振动加速度所引起的惯性力在分层面上的分量和重力在分层面上的分量。当惯性力是重力在某分层面上的分量，且超过了摩擦阻力的某一临界值时，该分层面以下厚度的矿层便沿台面搬运出来，该矿层称为运动层，如图6-3所示。

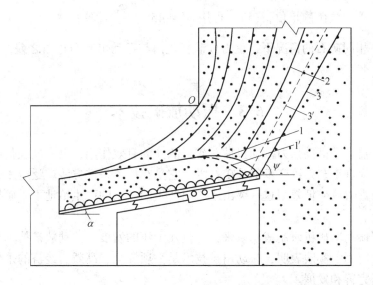

图6-3 振动场内矿石的放出形态

1′，1—运动层的分界面；2—下向流速近为常数的滑动线；3′，3—振动滑移面

运动层的形成是惯性力和重力共同作用的结果，与这两个力有关的振动加速度和振动台面倾角是决定运动层厚度及其向矿堆深入程度的主要因素。

埋设于崩落矿堆下的振动台面的受矿端与卸矿端的荷载有很大差别。因此，沿台面长度上各点的振幅和加速度均不同。当自某点起，其振动加速度与形成运动层所需的临界加速度相等，而卸矿端的矿石畅流，此时便自该点沿振动台面长度向卸矿端方向出现运动层。如果台面的振动加速度较小，或受矿端承受的压力较大，则运动层的厚度减小，运动层的起点沿振动台面向压力小的方向移动，如图 6-3 所示。增大振动加速度是有利的，但台面振动加速度的增大会引起设备功率的显著增加和对结构强度的过高要求，因此，台面振动加速度一般不超过 60m/s^2。

增加振动台面倾角，则矿石沿台面的下滑力将增大，同时也将增大运动层的厚度及其向矿堆的深入程度。但台面的倾角也是有限的，一般为 $0° \sim 25°$。因为角度过大时，为避免矿石自然滚落，需要显著增加振动台面的长度。

当眉线至振动台面的垂直距离较大，台面上的矿层厚度大于运动层高度时，离眉线较近的那部分矿石就在运动层之上，其将借助运动层的运动力和矿石的振动滑移而被放出。

振动出矿时，运动层不断往外运送，与此同时，其上部的矿石连续不断地补充入运动层中，致使振动场内活化了的矿石沿着滑动线连续剪切而发生下向流动，如图 6-3 所示。越靠近眉线其流动速度越大，并随离眉线的水平距离的增大而逐渐趋于零。由于矿石流速的变小，以及一部分细粒级矿石往下渗漏，在振动台面受矿端缘（运动层的起点处）便出现压实的稳定斜坡，即振动滑移面。其相对于水平面的倾角称为振动出矿静止角 ψ，其值的大小取决于矿石的物理力学性质和台面的振动强度，小于重力放矿静止角 ψ'。可用式 (6-16) 表示：

$$\psi = \psi' - \Delta\psi \tag{6-16}$$

式中　ψ——振动出矿静止角，($°$)；

　　　ψ'——重力放矿静止角，($°$)，可用 $\psi' = 45° + \dfrac{\varphi_\text{n}}{2}$ 计算；

　　　$\Delta\psi$——相同矿石的情况下，重力放矿静止角与振动出矿静止角之差，($°$)，一般为 $4° \sim 7°$。

6.3 振动放矿技术

振动出矿技术是借助强力振动机械对矿岩散体的有效作用，以实现强化出矿过程，完善采矿方法和促进工艺系统变革的采矿技术。它是在崩落采矿方法广泛应用后，为了解决落矿高效率与重力放矿低效率这一突出矛盾而产生的。它的产生给地下采矿技术的发展带来了重大影响。

自颠振型振动出矿机研制成功以来，经过几十年的发展，振动放矿技术在各类矿山得到广泛大量的应用。实践表明，振动出矿技术是一项安全、高效、经济的采矿技术，近些年来仍在不断完善和发展。

6.3.1 振动出矿结构参数确定

采场崩落的矿石的块度形态各不相同。一般用标称直径来表示矿石尺寸，即按三个近似正交轴上量得的最大尺寸 d_1、d_2、d_3 或 a、b、c 的算术平均值计算。

根据出矿工艺的要求，松散矿石的块度不宜过大和过小，因为块度直接影响放矿效率。生产实践中，块状矿石有个规定的允许最大块度尺寸，即合格块度。由于生产能力及采矿方法等不同，该值一般为 350~600mm。超过合格块度的矿石块，称为不合格大块。崩落矿石中含有不合格大块的百分比，称为大块产出率或大块含量系数。它的大小在很大程度上决定着矿石在出矿口的通过能力。对于粉矿，粒径 0.25~5mm 的称为粗粒粉矿，0.25mm 以下的称为泥质矿。松散矿石中粗粒粉矿及泥质矿增多、湿度增大时，在压力作用下会发生固结，使黏结力增大，流动性降低。因此，崩落矿石中粉矿含量的多少，对出矿口内矿石的通过性也有很大影响。

矿石的通过性是指松散矿石通过出矿口或放矿巷道的难易程度，它实质上反映了矿石通过出矿口的能力。矿石通过性的好坏，可用单位时间内出矿口的放出量或均摊于一定放矿量中发生的堵塞次数来表示。对于块状矿石，常以矿石通过系数的大小来表示矿石通过性的好坏。

所谓矿石通过系数，就是出矿口有效高度或放矿巷道短边长与合格块度尺寸之比，即

$$k = \frac{h_0}{d} \tag{6-17}$$

式中　k ——出矿口的矿石通过系数；

　　h_0 ——出矿口的有效高度，m；

　　d ——合格块度尺寸，m。

研究表明，重力放矿时，要使块矿顺畅放出，必须保证矿石 $k > 3~5$，即出矿口的有效高度 h_0 要大于合格块度尺寸的 3~5 倍；当 $k = 2~3$ 时，矿石在出矿口是否堵塞具有偶然性；但当 $k < 2$ 时，堵塞现象将经常出现。

上述 $k > 3~5$ 时可以实现畅流，这是对大块率为零的情况下而言的。由于生产实践中不合格大块的客观存在，而出矿口的尺寸又有限，因此即使在 $k > 3~5$ 的情况下，矿石堵塞也是不可避免的。

放矿过程中，矿石堵塞形式有两种。对于块矿而言，表现为出矿口内大块的卡阻和大块的组拱；对于粉矿而言，则表现为出矿口内粉矿的结拱和出矿口的粉矿堆滞。

生产实践表明，矿石堵塞是重力放矿工艺的症结所在，也是影响放矿效率的主要原因。要消除堵塞，改善出矿口内矿石的通过性，振动出矿是解决此问题的一个有效的技术途径。

首先，采用振动出矿时，出矿口的有效高度能够显著增加，如图 6-4 所示。

采场重力放矿时，出矿巷道中矿石流动带的最小厚度（出矿口有效高度 h_0'），受护檐眉线 O 与死矿堆坡面的限制，h_0' 的大小取决于出矿深度 $h_2 - l'$，即电耙扒运宽度、格筛有效部分的长度或铲运机铲取深度。采用振动出矿时，出矿口有效高度 h_0 的大小主要取决于振动出矿机的埋设参数。由于出矿机有个埋设深度 l，死矿堆坡面移至眉线以内，所以通过矿流的出矿口的有效高度显著增加了。根据图 6-4 中放矿口的几何关系可得到计算矿口有效高度的公式：

重力放矿：　　　　　　$h_0' = h_1 \cos \varphi' - l' \sin \psi'$ 　　　　　　　(6-18)

振动放矿：　　　　　　$h_0 = h \cos \varphi + l \sin \psi$ 　　　　　　　(6-19)

式（6-18）、式（6-19）中的符号含义如图 6-4 所示。假如 $h_1 = 2.2$m，$l' = 0.6$m，$\psi' = 66°$，$\psi = 62°$，$l = 0.7$m，$h = 0.4h_1$，代入式（6-18）、式（6-19）得：$h_0' = 0.35$m，$h_0 =$

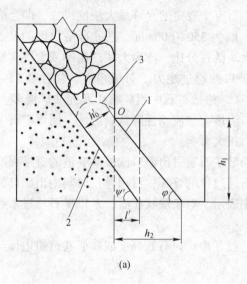

(a)

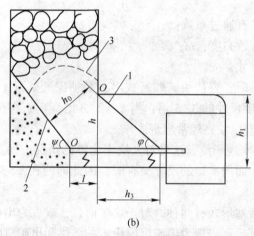

(b)

图 6-4 放矿方式对比图

（a）重力放矿；（b）振动出矿

1—矿石塌落坡面；2—死矿堆坡面；3—拱线；O—护檐眉线；h_1—出矿巷道高度；

h_2，h_3—分别为重力放矿和振动出矿的矿石塌落高度；ψ'—重力放矿静止角；

ψ—振动出矿静止角；l'—电耙出矿的斗穿长度；l—振动出矿机的埋设深度；φ—矿石塌落角；

h—振动出矿的眉线高度；h_0'，h_0—分别为重力放矿和振动出矿的出矿口有效高度

1.03m，即振动出矿时通过矿流的出矿口的有效高度为重力放矿的 3 倍。尽管影响出矿口的有效高度的因素很多，但该值的显著增大是毋庸置疑的。

出矿口的有效高度的增大，可以提高大块的通过能力，这是振动出矿时堵塞现象减少的一个原因；更重要的是，由于台面的振动，受振矿石的流动性增大，使放矿条件得到很大的改善。

由于受振矿石的流动性增大，出矿口内的粉矿及小块度矿石似流态地沿振动台面连续流动，大块跟随着向外运搬，因而在很大程度上减少了大块受阻的可能性。偶尔会有大块卡阻在眉线内，如果此时振动出矿机仍持续运转，将使台面的矿流厚度减薄，甚至放空。从而一方面使卡块的撑脚受到削弱；另一方面，由于台面的荷载减小，振幅相应增大，进

一步强化了卡块的振动作用，使其不断地颠动，改变方位。当大块在放出方向的尺寸略小于矿石流通断面尺寸时，大块便被放出来，如图6-5所示。不少使用振动出矿的矿山，放出块度达0.9~1.2m。生产实践表明，振动出矿的大块通过系数可由重力放矿的3~5m降低到1.2~2m，即有效断面为1m×1m的出矿口可以顺畅地通过0.50~0.83m的块度，使大块卡阻的现象大大减少。

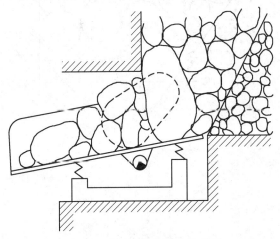

图6-5 受振大块的放出示意图

由于受振矿石的内外摩擦系数的减小，使矿流的运动阻力（包括内阻和外阻）降低，流动性增大，并且有利于调节矿流中长块和杆状物料（如钎杆、坑木）的放出形态，避免跟随矿流运动的长形物由于横置下降而发生卡阻。

放矿过程中，块矿组拱是矿流堵塞的另一种表现形式。如果放出的矿石块度不均匀，大块中粉矿的含量较多，温度又高，则容易出现稳定的平衡拱。由于拱脚支撑着上部的矿石质量，故会导致放出矿流突然中断。这是重力放矿常有的现象，即使通过系数 $k = 3 \sim 5$ 的条件下，由三五个块矿组拱的情况也会发生。

生产实践表明，矿石稳定拱多出现在出矿口周边突然收缩的部位，由于矿石流动断面的减小，矿石又有水平方向的移动，故易组拱，如图6-6所示。组拱时，拱基一部分落在出矿巷道壁，另一部分则落在死矿堆坡面上。处理稳定拱是困难且危险的。

成拱是否稳定，与拱的跨度、拱高和荷载高低有关。通常在两种情况下拱将被破坏：一种情况是在大块间较小的接触面上产生破碎，拱的承载能力消失；另一种情况是由于大块间或大块与巷道壁间相互接触面上的摩擦阻力不足以抵抗拱上荷载产生的剪力，使大块滑落。

对于拱基滑动而使成拱破坏的可能性，可做如下分析。在图6-6中，L 是拱的跨度，h 是拱高，m 是单位长度上的质量，在反作用力 F 的作用点取力矩，并考虑到 $F_h = p$，便可得出 F 的水平分量 F_h：

$$F_h h = \frac{mL}{2} \times \frac{L}{4} \tag{6-20}$$

$$F_h = \frac{m L^2}{8h} \tag{6-21}$$

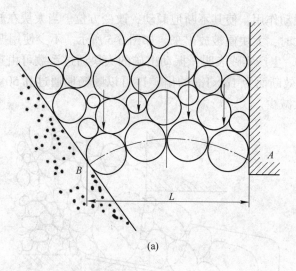

(a)

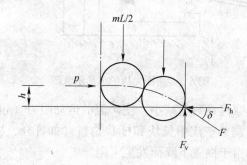

(b)

图 6-6　矿块组拱分析

（a）矿块组拱；（b）力学分析

由于拱基 A 点的抵抗力全部是摩擦阻力，则反作用力的垂直分量 F_v 为：

$$F_v = F_h \tan\delta = \frac{mL^2}{8h} \tan\delta \tag{6-22}$$

F_v 的最大值为垂直载荷的一半，即 $mL/2$，因此，成拱的条件为：

$$\frac{m L^2}{8h} \tan\delta \leq \frac{mL}{2} \tag{6-23}$$

即
$$k \leq 4h/\tan\delta \tag{6-24}$$

采用振动出矿时，由于出矿口有效尺寸的增大，使成拱的跨度增大，从而降低了矿块组拱的可能性。即使出现成拱现象，借助振能的传播，使矿石的内摩擦系数及矿石对巷道壁的外摩擦系数减小，成拱的拱基将受到削弱，也有可能达到破拱的目的，因此不易出现稳定的平衡拱。

除此之外，振动场内各下降块矿之间的运动速度相近，与重力放矿比较，其相对速度差稍小，由下降速度差产生的两个或两个以上块矿组拱的可能性也小些。

在振动矿流下降过程中，块矿间的相互位置有可能存在相互咬合的组拱条件，只是由于振能的传播作用使拱不能形成或短暂形成。当振动中止时，这一"潜在拱"立即转变为稳定拱的可能性也是存在的。

块矿组拱主要由放矿过程中大块偶然组合所致，而粉矿结拱则是另一种情况。粉矿结拱与矿石的物理力学性质（如湿度、黏结性、粒度组成）和粉矿的压实程度等有很大关系，而归根结底与松散矿石的抗剪强度密切相关。

6.3.2 振动出（给）矿机的结构

由于作业条件的不同、应用范围的扩大和新工艺设想的提出，使振动技术在采矿作业的应用过程中出现了种类众多的振动设备。以设备的功能进行划分，目前已在我国矿山得到应用的有振动出矿机、振动运输机、振动给矿机、振动装载机、振动破拱机、振动给矿筛洗机、振动条筛、振动溜槽、振动清车机等振动设备。这些设备基本上都属于中频单质体、超共振的惯性振动设备。各类设备有多种型号和不同的振动参数，可以适应于块矿、粉矿、黏性矿等不同性质的矿石，以及溜井、矿仓、采场等不同工艺要求的作业条件。它们使振动效应在强化采矿生产过程中获得了充分的利用。实践表明，在采矿生产过程中开发利用振动机械有很大应用前景。这是因为与其他类型机械相比较，振动机械拥有一系列优点。它们结构简单，通常由工作机构、弹性系统和激振系统三个部分组成，一般来说没有传动零件，可在大负荷下工作，维护简便，可实现遥控、自控；且使用安全、经济、高效；同时还由于振动对散体的特殊效应，可从根本上解决粉状矿物放矿的安全和效率问题。这也是近几十年来振动机械能在采矿工业中得到很大发展的重要原因。

6.3.2.1 振动出矿机的主要特征

振动出矿是通过振动出矿机对矿岩散体进行强力振动，并部分借助矿石的重力势能而实现矿流平稳、连续、易控的强制出矿。振动出矿机是振动出矿系统的关键出矿设备。在我国振动出矿机已广泛应用于各类采矿方法的采场、主溜井、矿仓及选矿厂给矿，以及有关的其他工业部门。振动出矿机具有以下特点：

（1）兼有破拱、出矿、关闭作用。重力放矿过程中常发生矿石卡堵塞现象，从而影响出矿或发生跑矿。普通漏斗出矿，处理漏斗堵塞所费的时间一般占作业班时间的 25% ~ 35%，加上出矿过程中调车和等车的时间损失，实际每班的出矿时间只占 1/4 ~ 1/3，甚至更少。

采用振动出矿机出矿是借振动实现破拱和出矿。当振动停止，矿石立即停止卸出。因此该类设备兼有破拱、出矿、关闭三大功能，无须另加破拱助流装置，也不必再安装漏斗闸门，既节省了设备和能耗，又简化了操作。

（2）矿流松散、连续、均匀。振动出矿是靠振动将溜井内的松散矿石诱导活化成流态，使矿石的流动性增大，很大程度上提高了大块在出矿过程中的通过性，使矿石膨松后呈群流状态连续均匀地放出，直到停机或卸空，从而使矿流连续、均匀、易控。

（3）破拱助流能力强。振动出矿机将振动能传递给溜井内的矿石，在适宜的振频下诱导矿石颗粒活化，降低了导致搭拱阻流的颗粒之间的摩擦力和内聚力，使矿石顺利下移，不易结拱；同时，振动还可以摧毁已有的拱。

（4）振动出矿机是将激振器或振动电机固定在振动台面的底部，没有减速器等传动装置，因而其具有结构简单、制造容易、造价低廉、安装操作简便、运行可靠、维修方便等优点。

（5）振动出矿机的质量一般为数百千克，功耗较小。

实践证明，与气动闸门、板式给矿机及电动闸门等传统的放矿设备相比较，振动出矿机具有许多明显的优越性：尽管其机动性差、需用台数多、安装工作量较大、作业过程中需部分借助矿石重力势能、应用条件受到一定限制，但其设备费用较低、维修简便，在定点集中出矿作业的条件下，最有利于发挥其效能。其放出矿流连续、均匀、易控，有利于实现连续作业工艺，因而见效快，易于推广。

6.3.2.2 振动出矿机的基本结构

振动出矿机是一种埋设在松散矿岩下面的强力振动机械，图 6-7 所示为我国早期使用的 TZ 型振动出矿机的结构和安装示意图。

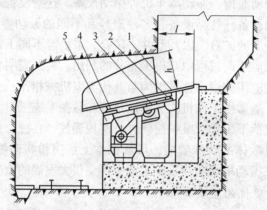

图 6-7 TZ 型振动出矿机的结构和安装示意图

1—振动台面；2—弹性元件；3—惯性激振器；4—电动机及弹性电机座；5—机架

根据所放矿岩的性质和工作条件，要求的生产能力和工艺效果的不同要求，可以设计出各种类型的振动出矿机。但是，用于金属矿山的振动出矿机的基本结构都是相似的，主要由振动台面、机架、激振器和弹性系统等四大部分组成。

A 振动台面

振动台面承受上部矿石的压力，向台面上的矿石传播振能，活化矿石，使台面上的矿石获得较好的流动性，从而实现高效和稳定的强制出矿。振动台面是由机架支承的，底板下安装有激振器的工作机构。

B 激振器

激振器是使台面产生振动的驱动源，是决定振动出矿机性能和出矿效率的主要部件之一。激振器可分为单轴惯性激振器和双轴激振器两种。

（1）单轴惯性激振器。它是应用最多的一种激振器。其结构简单，用三角皮带传动可以通过改变传动比来获得所需要的振动频率。为了进一步简化结构，很多振动出矿机上采用了电动机与激振器偏心体合一的振动电机。省去了三角皮带的传动部分，提高了机械效率，但振频只能由振动电机的转速而定。

（2）双轴激振器。该种激振器多应用于大型的振动出矿机。其结构复杂，一般由箱体、轴、轴承、齿轮和偏心体组成。由于转速较高，箱体内的齿轮传动需要润滑，其维护工作量较大。

　　C　弹性系统

　　弹性系统由若干弹性元件合理布置在台面与机架之间，对机架起缓冲隔离作用，防止机架与台面的刚性碰撞。其对台面有蓄能助振作用，为台面产生稳定的振幅提供条件。弹性元件通常为金属弹簧或橡胶条。金属弹簧易折断，台面受压很大，更换较困难，故现在多采用橡胶条；连续布置的橡胶条位于台板的两侧和受矿端的下面。这样布置的橡胶条可起到密封作用，经久耐用。

　　此外，设计大生产能力和放出大块矿石的振动出矿机时，要求眉线较高、台面较宽。台面宽度超过 1.4m 的单台面振动出矿机，其动力过于集中，功率消耗大，需要结构的强度高，机架和台面都须使用重型钢材，设备笨重，不利于搬运和安装。为此，大生产能力和放出人块矿石的振动出矿机应设计为双台板机型。

　　6.3.2.3　振动出（给）矿机的发展趋势

　　振动出矿机作为出矿工艺的主要设备，近年得到了很大的发展。在我国，颠振型振动出矿机已在采场及溜井中得到广泛应用；同时，轻型组合式振动出矿机已引起矿山和研究人员的关注，在大产量的溜井及采场中正逐步推广。

　　轻型组合式振动出矿机的特点是将两台各备独立振源的轻型振动出矿机结合使用，以取代一台大激振力的重型机。在相同出矿能力的情况下，组合机密度型机的质量轻、功率小、动力分布较为均匀、工作的可靠性较高。轻型组合式振动出矿机，由于台面宽度比普通机型增加 1 倍，扩大了放出矿流的流通断面，增大了矿石成拱跨度，1.2m 的大块及黏性粉矿均能顺利放出。因此，它是一种适合于大量落矿采矿法和大产量主溜井的机型，具有较为广阔的应用前景。

　　纵观近年来振动出矿机的发展，主要有以下趋势：

　　(1) 机型繁多，但基本上都属于单质体超共振惯性振动出矿机。该类出矿机不但结构简单，而且在变负荷的情况下，工作状态稳定，适于井下恶劣的作业环境。

　　(2) 普遍采用惯性激振器激振，其中单轴惯性激振器已基本上被振动电机所取代；双轴惯性激振器在产量大、粉矿多等特殊作业条件下也获得一定程度的应用；三轴和四轴惯性激振器的结构则更为复杂。

　　(3) 为了提高设备的可靠性和简化机型结构，现有振动出矿机已大多采用橡胶弹性元件，而较少采用弹簧。国内机型多采用橡胶条作弹性系统兼密封系统，结构紧凑且安装方便。

　　(4) 振动台面的焊接结构，普遍加强了激振器安装部位的刚度和纵向整体刚度，提高了矿石的输送效果和振动出矿机的使用寿命。

　　(5) 为了减小振动出矿机的外形尺寸，减轻质量，使之易于运搬和安装，新机型的机架均设计得较为低矮，结构紧凑。

　　(6) 由于对振动出矿机理的认识普遍提高，采用大功率振动出矿机的现象已逐渐减少，能适应相关条件的较低功率振动电机激振的振动出矿机被普遍采用，设备的功率匹配更趋合理。

　　(7) 轻型组合式振动出矿机在溜井和采场中正逐步推广。用组合机取代重型机有利于降低装备功率，提高设备工作的可靠性。

　　(8) 振动出矿机的标准化系列化已取得了显著成绩。我国以颠振型为标准机型，普遍采用振动电机激振，橡胶作弹性元件，结构紧凑、质量轻，性能上也达到了较高的水平，为振动出矿技术的推广打下了良好的物质基础。

振动出矿机在溜井和采场中已经得到广泛应用，在矿仓中也正逐步推广。目前，矿仓用的除单一给料功能机型外，带破拱架型和振动给矿筛洗型也具有很大的发展前景。

6.3.2.4　振动出（给）矿机存在的问题

目前国内振动出矿机型号很多，但是机型相对单一，还不能满足各种工艺条件的要求，具体表现如下：

（1）就振动机种类而言，目前型号虽多，但未脱离比较单一的模式，通常不论生产能力的大小，物料性质的差异和工艺条件的不同，均采用类似的结构和参数。

（2）就振动出矿机结构而言，目前基本上采用 FZC 系列一种模式，未能出现一些特殊功能的机型，例如自移式振动出矿机、可拆式振动出矿机、定向振动台面与溜板组合的分节式振动出矿机、变台面倾角振动出矿机等。

（3）就振动出矿机的适用范围而言，目前振动出矿机均为适用区域（固定出矿点）作业条件的机型，而端部出矿（移动出矿点）作业条件的机型在国内还是空白。

──────────本 章 小 结──────────

（1）本章阐述了振动放矿的理论与应用。（2）介绍了振动出矿机的工作原理、振动出矿机的种类、参数选择以及振动波在散体介质中的传播。（3）振动放矿时的放出体积的计算公式。（4）振动出矿机在采矿中的应用。

习题与思考题

6-1　简述振动放矿与重力放矿。

6-2　简述振动对放出体积的影响。

6-3　振动出矿机的工作原理是什么？

6-4　简述振动出矿机的特点。

6-5　简述振动出矿机的基本结构。

6-6　如何确定振动出矿机的埋设深度？

6-7　振动出矿机的外形尺寸怎样计算？

7 放矿研究方法

本章学习要点：（1）物理模拟实验法的实验机理和方法；（2）数学模拟研究的理论基础和方法；（3）数值模拟实验法的实验机理和方法；（4）现场实验法的实验机理和方法。

本章关键词：物理模拟实验法；数学模拟研究；数值模拟实验法；现场实验法；相似条件；模拟比；平面模型；立体模型；离散元颗粒流软件。

7.1 概　　述

崩落采场放矿的研究方法包括物理模拟实验研究法、数学模拟研究法、计算机模拟实验法和现场实验研究法。最常用的是物理模拟实验研究法。经过物理模拟实验掌握某一采矿法方案的放矿规律后，即可编制数学模型，用数学模拟法和计算机模拟实验法研究放矿工作。无论是物理模拟法还是数学和计算机模拟法，取得的结果都需要由现场实验加以验证。现场实验还可为物理模拟和数学模拟提供原始资料，因此在放矿研究工作中要综合应用多种方法。

7.2 物理模拟实验法

在与现场放矿系统几何和力学相似的模型上，使模型放矿过程与现场放矿过程达到近似物理相似的实验室实验，叫做物理模拟实验。用这种方法可以研究崩落矿岩在放矿过程中的运动规律、崩落矿石在放矿过程中的损失和贫化、采场底柱上压力显现规律，以此优选和改进采矿结构参数和放矿制度等问题。在模型中用崩落矿岩松散物料进行的放矿实验，叫做重力放矿实验；在重力放矿实验模型的放出口安装模拟振动放矿装置，研究振动作用下的放矿过程，叫做振动放矿实验；用相似材料模拟矿体，经过模拟爆破崩落矿体后再进行放矿实验，叫做爆破模拟放矿实验。本章主要讲述第一种实验方法。

7.2.1 物理模拟放矿模型

根据研究问题性质不同，放矿模型分为单体模型、平面模型和立体模型三种。

（1）单体模型。单体模型下部只有一个放出口。它研究单一放出口放矿时松散物料的运动规律、放出体参数及发育过程、矿石损失和贫化发生的机理等问题。它的模拟范围小，可用较大的模拟比，多次重复实验，可取得比较精确的数据。在模型料箱上装透明玻璃壁，可观察放出体各剖面上的变化。

（2）平面模型。平面模型正面一般装有透明玻璃壁，下部有一列放出口。透明玻璃壁一般是沿采场放出口、回采巷道出矿口中心或侧壁的一个切面布置。用这种模型可以研究多放出口放矿时沿放出口中心或侧壁切面上松散物料的运动规律以及矿石损失和贫化的问题。放矿实验时，直接通过透明玻璃壁观察、描绘或摄影记录标志颗粒或标志层的运动过程。

（3）立体模型。立体模型的结构与平面模型近似，只是按模拟采场参数将料箱加厚；正面不一定要透明玻璃壁。这类模型模拟整个或部分采场的放矿过程，研究整个或部分采场在不同放矿制度下的各种放矿问题。它能取得整个采场的损失和贫化综合指标。这类模型实验工作量大，实验技术复杂，一些模拟技术尚未很好解决。

根据模型实验的作用可将放矿模型分为两类，一是实验性模型，是研究生产问题时经常使用的模型，模拟比常为 1∶50；二是验证性模型，用于验证模型实验的相似条件、优选放矿方案等。它用较大或较小的模拟比，为 1∶20 和 1∶100 等。

7.2.2 物理模拟放矿实验的相似条件

在实验室进行重力放矿、振动放矿或爆破模拟放矿实验时，都应满足模型与实物的几何相似和影响实验结果的主要物理量的物理相似。只有这样，才能把现场放矿过程按一定比例缩小，放在实验室内进行研究，然后将研究结果按同样比例放大，得到现场放矿效果。因为放矿过程的力学问题尚未研究清楚，所以放矿模型实验的力学相似条件问题仍没有得到满意的解决。

7.2.2.1 放矿模型实验相似条件

根据相似理论，如果现场放矿和实验室模型放矿两个系统相似，应满足下列条件。

（1）两个系统相互对应的几何尺寸的比值和物理量的比值为一常数。如以 l_1, l_2, l_3, …, l_n 表示实物尺寸，以 $\bar{l_1}$, $\bar{l_2}$, $\bar{l_3}$, …, $\bar{l_n}$ 表示模型相对应的尺寸。以 K_1, K_2, K_3, …, K_n 表示实物的物理量，以 $\bar{K_1}$, $\bar{K_2}$, $\bar{K_3}$, …, $\bar{K_n}$ 表示模型相对应位置的物理量，则：

$$\frac{l_1}{\bar{l_1}} = \frac{l_2}{\bar{l_2}} = \frac{l_3}{\bar{l_3}} = \cdots = \frac{l_n}{\bar{l_n}} = C_l \tag{7-1}$$

$$\frac{K_1}{\bar{K_1}} = \frac{K_2}{\bar{K_2}} = \frac{K_3}{\bar{K_3}} = \cdots = \frac{K_n}{\bar{K_n}} = C_k \tag{7-2}$$

C_l 和 C_k 叫做相似常数，也就是模型模拟实物的模拟比。这一相似条件也可说成二现象相似，则相似常数相等。

（2）各相似常数之间要遵守一定的关系，这一关系是由反映该系统的物理方程式表示的。等于 1 的相似常数的关系式叫相似指示数。由相似指示数换算的各物理量之间的关系式等于一个定数。等于定数的各物理量之间的关系式叫相似准数或相似判据。相似判据是一个无量纲的综合数群。在相似关系式中只能任意选择其中的一部分相似常数，其他相似常数由相似关系式决定。这一相似条件也可以称为二现象相似，则相似指示数等于 1 或相似判据等于一个定数。

（3）物理过程的进行常与过程的开始状态有关，研究的系统亦常受周围条件的影响。因此除上述二个条件外，还要求起始条件和边界条件相似。

要求比较复杂的工程系统遵守上述所有的相似条件往往是困难的，在采矿工程问题上也不例外。即使尽力保证模拟相似条件，但模型实验结果总是与现场实际条件有出入。如放矿模拟实验，不少现场实际条件是复杂变化的和难于得到的。因此一般采用近似相似的方法，忽略影响较小的物理量；尽量使起主要作用的物理量相似，使实验结果与实际大致相同，不产生本质的差别。在实验过程中应检验相似程度，校正实验结果，估计实验结果的偏差。

7.2.2.2 重力放矿模型实验的相似条件

A 有关的相似常数或模拟比是一常量

重力放矿是松散物料自放矿口流出时借助于重力作用的流动过程。影响这一放出过程的因素有几何尺寸 l、松散体承受的压力 F、正应力 σ、剪应力 τ、黏聚力 c、内摩擦角 φ、外摩擦角 φ_w、松散物料的容重 γ_s，或密度 ρ、质量 m、颗粒运动速度 v，加速度 x，位移 S 和时间 t。

如以带横线的符号表示模型中的量，以不带横线的字母代表实物的量，则相应的相似常数可由式（7-3）求出：

$$\left.\begin{aligned}
\frac{l}{\bar{l}} &= C_l \\
\frac{F}{\bar{F}} &= C_F \\
\frac{m}{\bar{m}} &= C_m \\
\frac{\gamma}{\bar{\gamma}} &= C_\gamma \\
\frac{\rho}{\bar{\rho}} &= C_\rho \\
\frac{\sigma}{\bar{\sigma}} &= C_\sigma \\
\frac{\tau}{\bar{\tau}} &= C_\tau \\
\frac{c}{\bar{c}} &= C_c \\
\frac{v}{\bar{v}} &= C_v \\
\frac{X}{\bar{X}} &= C_x \\
\frac{t}{\bar{t}} &= C_t \\
\frac{\varphi}{\bar{\varphi}} &= C_\varphi \\
\frac{\varphi_w}{\bar{\varphi}_w} &= C_{\varphi_w}
\end{aligned}\right\} \quad (7\text{-}3)$$

由式（7-3）可得：

$$
\left.
\begin{aligned}
l &= C_l \bar{l} \\
F &= C_F \bar{F} \\
m &= C_m \bar{m} \\
\gamma &= C_\gamma \bar{\gamma} \\
\rho &= C_\rho \bar{\rho} \\
\sigma &= C_\sigma \bar{\sigma} \\
\tau &= C_\tau \bar{\tau} \\
c &= C_c \bar{c} \\
v &= C_v \bar{v} \\
X &= C_x \bar{X} \\
t &= C_t \bar{t} \\
\varphi &= C_\varphi \bar{\varphi} \\
\varphi_w &= C_{\varphi_w} \overline{\varphi_w}
\end{aligned}
\right\}
\tag{7-4}
$$

B　推导相似常数关系式

如现场放矿和模型放矿两个系统相似，则第一章中讲到的表示该系统的散体介质运动状态方程必定相同。列出实物和模型的两组方程，即

$$
\left.
\begin{aligned}
X - \frac{1}{\rho}\left(\frac{\partial \sigma_x}{\partial x} + \frac{\partial \tau_{xy}}{\partial y}\right) &= \frac{\partial v_x}{\partial t} + v_x\frac{\partial v_x}{\partial x} + v_y\frac{\partial v_x}{\partial y} \\
Y - \frac{1}{\rho}\left(\frac{\partial \sigma_y}{\partial y} + \frac{\partial \tau_{xy}}{\partial x}\right) &= \frac{\partial v_y}{\partial t} + v_x\frac{\partial v_y}{\partial x} + v_y\frac{\partial v_y}{\partial y} \\
(\sigma_x - \sigma_y)^2 + 4\tau_{xy}^2 &= \sin^2\varphi\,(\sigma_x + \sigma_y + 2c\cot\varphi)^2
\end{aligned}
\right\}
\tag{7-5}
$$

$$
\left.
\begin{aligned}
\bar{X} - \frac{1}{\bar{\rho}}\left(\frac{\partial \bar{\sigma_x}}{\partial \bar{x}} + \frac{\partial \bar{\tau_{xy}}}{\partial \bar{y}}\right) &= \frac{\partial \bar{v_x}}{\partial \bar{t}} + \bar{v_x}\frac{\partial \bar{v_x}}{\partial \bar{x}} + \bar{v_y}\frac{\partial \bar{v_x}}{\partial \bar{y}} \\
\bar{Y} - \frac{1}{\bar{\rho}}\left(\frac{\partial \bar{\sigma_y}}{\partial \bar{y}} + \frac{\partial \bar{\tau_{xy}}}{\partial \bar{x}}\right) &= \frac{\partial \bar{v_y}}{\partial \bar{t}} + \bar{v_x}\frac{\partial \bar{v_y}}{\partial \bar{x}} + \bar{v_y}\frac{\partial \bar{v_y}}{\partial \bar{y}} \\
(\bar{\sigma_x} - \bar{\sigma_y})^2 + 4\bar{\tau_{xy}}^2 &= \sin^2\bar{\varphi}\,(\bar{\sigma_x} + \bar{\sigma_y} + 2\bar{c}\cot\bar{\varphi})^2
\end{aligned}
\right\}
\tag{7-6}
$$

式中　X，Y，$\bar{X}$，$\bar{Y}$——实物和模型重力加速度在 x 和 y 轴方向的分量；

σ_x，σ_y，$\bar{\sigma_x}$，$\bar{\sigma_y}$——实物和模型中 x 和 y 轴方向的正应力分量；

τ_{xy}，$\bar{\tau_{xy}}$——实物和模型中 x 和 y 轴方向的剪应力分量；

v_x，v_y，$\overline{v_x}$，$\overline{v_y}$——实物和模型中 x 轴和 y 轴方向的速度分量；

ρ，$\overline{\rho}$——实物和模型中松散物料的密度；

c，$\overline{c}$——实物和模型中松散物料的黏聚力；

φ，$\overline{\varphi}$——实物和模型中松散物料的内摩擦角。

以式（7-4）模型中各物理量与相似常数的乘积代入式（7-5）实物各物理量中，得：

$$\left.\begin{aligned}
C_x \overline{X} - \frac{C_\sigma}{C_\rho C_l} \frac{1}{\overline{\rho}}\left(\frac{\partial \overline{\sigma_x}}{\partial \overline{x}} + \frac{\partial \overline{\tau_{xy}}}{\partial \overline{y}}\right) &= \frac{C_v}{C_t}\frac{\partial \overline{v_x}}{\partial \overline{t}} + \frac{C_v^2}{C_l}\left(\overline{v_x}\frac{\partial \overline{v_x}}{\partial \overline{x}} + \overline{v_y}\frac{\partial \overline{v_x}}{\partial \overline{y}}\right) \\
C_x \overline{Y} - \frac{C_\sigma}{C_\rho C_l} \frac{1}{\overline{\rho}}\left(\frac{\partial \overline{\sigma_y}}{\partial \overline{y}} + \frac{\partial \overline{\tau_{xy}}}{\partial \overline{x}}\right) &= \frac{C_v}{C_t}\frac{\partial \overline{v_y}}{\partial \overline{t}} + \frac{C_v^2}{C_l}\left(\overline{v_x}\frac{\partial \overline{v_x}}{\partial \overline{x}} + \overline{v_y}\frac{\partial \overline{v_x}}{\partial \overline{y}}\right) \\
C_\sigma^2(\overline{\sigma_x} - \overline{\sigma_y})^2 + C_\tau^2 4\overline{\tau_{xy}}^2 &= C_\sigma^2 \sin^2 C_\varphi \overline{\varphi}\left(\overline{\sigma_x} + \overline{\sigma_y} + 2\frac{C_c}{C_\sigma}\overline{c}\cot C_\varphi \overline{\varphi}\right)^2
\end{aligned}\right\} \quad (7\text{-}7)$$

比较式（7-7）和式（7-6）可见，式（7-7）中各项前由相似常数组成的系数应相等。将式（7-7）的第 2 式各项同除以 C_x，第 3 式同除以 C_σ^2，即可得到下列相似指示数：

$$\frac{C_\sigma}{C_x C_\rho C_l} = 1 \;,\; \frac{C_v}{C_x C_t} = 1 \;,\; \frac{C_v^2}{C_x C_l} = 1 \;,\; \frac{C_\tau}{C_\sigma} = 1 \;,\; \frac{C_c}{C_\sigma} = 1 \;,\; C_\varphi = 1 \quad (7\text{-}8)$$

重力放矿中，重力加速度对实物和模型相等，即 $C_x = 1$。又由容重 γ_s 是密度与重力加速度的乘积，即 $\gamma_s = \rho g$，重力加速度相等，则 $C_\gamma = C_\rho$。将这些关系代入式（7-8）的相似指示数中，得：

$$\frac{C_\sigma}{C_x C_\rho C_l} = \frac{C_\sigma}{C_\rho C_l} = \frac{C_\sigma}{C_\gamma C_l} = 1 \quad (7\text{-}9)$$

将实物和模型的物理量代入相似指示数中，加以转换即可求得相似判据：

$$\frac{C_\sigma}{C_\gamma C_l} = \frac{\dfrac{\sigma}{\overline{\sigma}}}{\dfrac{\gamma_s}{\overline{\gamma_s}}\dfrac{l}{\overline{l}}} = 1$$

$$\frac{\sigma}{\gamma_s l} = \frac{\overline{\sigma}}{\overline{\gamma_s}\,\overline{l}} = \text{constant value}(定数) \quad (7\text{-}10)$$

由式（7-8）和式（7-9）可得下列重力放矿相似关系式：

$$C_\sigma = C_\tau = C_c = C_\gamma C_l \quad (7\text{-}11)$$

由式（7-8）两个有速度相似常数的相似指示数得：

$$C_v = C_t \quad (7\text{-}12)$$

$$C_v = \sqrt{C_l} \quad (7\text{-}13)$$

将这两个关系式合并得另一个重力放矿相似关系式：

$$C_v = C_t = \sqrt{C_l} \quad (7\text{-}14)$$

加上式（7-8）中的 $C_\varphi = 1$，得重力放矿模型实验的一组相似关系式：

$$
\left.
\begin{aligned}
C_\sigma &= C_\tau = C_c = C_\gamma C_l \\
C_v &= C_t = \sqrt{C_l} \\
C_\varphi &= 1
\end{aligned}
\right\}
\tag{7-15}
$$

由上述一组基本相似关系式，用量纲转换的方法可导出其他物理量的相似关系式。如力 $F = \sigma l^2$，由量纲转换可得：

$$
C_F = C_\gamma C_l C_l^2 = C_\gamma C_l^3
\tag{7-16}
$$

上述相似关系式规定的相似条件，在重力放矿模型上是难于完全满足的。重力放矿模拟实验时，几何相似常数即模拟比，是根据实验的要求选定的，它可以根据实验要求自由选取。模拟松散材料也是根据实验要求选取的。模拟松散材料一经选定，密度 ρ 或容重 γ_s、内摩擦角 φ 和黏聚力 c 也就选定了。这时的 C_γ、C_φ、C_c 应满足式（7-15）相似关系式要求。为了使 $C_\varphi = 1$，在做模型实验时，选取与现场崩落矿岩大致相同的碎岩石和碎石做模拟松散材料，但这时模型松散材料的黏聚力 c 也和实物相同，即 $C_c = 1$。由 $C_c = C_\gamma C_l = 1$，得：

$$
C_\gamma = \frac{1}{C_l}
$$

从而

$$
\overline{\gamma_s} = \gamma_s C_l
\tag{7-17}
$$

式（7-17）说明当用与实物相同的松散材料时，由于黏聚力相等，它的容重应增加 C_l 倍才能满足相似条件，这在重力放矿模型上是无法达到的。即按相似条件，重力模型放矿用与现场相同的矿岩材料做模拟松散材料时，它的黏聚力和其他强度指标应大于模型的要求，或者说容重小于要求。但是，我们研究的放矿问题，多数情况下崩落矿岩的黏聚力较小，同时崩落矿岩块本身在放出过程中基本上不发生变形和破坏，因此黏聚力和强度不符合相似条件，对实验结果没有显著影响。此外，模型的装填松散系数一般大于现场崩落采场崩落矿岩的实际松散系数，对黏聚力的影响也有一定的补偿。实践证明，重力放矿模型实验和在离心实验机上进行的放矿模型实验得到的结果是一致的。重力放矿模型实验也证明，一定松散材料的放出椭球体参数与覆盖岩石厚度基本没有关系。

因此可以应用与现场崩落矿岩类似的松散材料做模拟材料，同时满足内摩擦角相等、几何相似两个条件，达到重力放矿模型实验的近似或相似，以用来研究各种放矿问题。

目前尚缺乏用于测定较大块度矿岩的仪器设备，对崩落矿岩内摩擦角的测定更加困难，而且内摩擦角还随矿岩粒级组成和松散系数变化。此外，即使模型中应用现场真实崩落的矿岩碎块做模拟材料，模型装填松散程度也难与现场一致。这些都难完全满足内摩擦角相等这一相似条件。有人建议用自然安息角代替内摩擦角，但实验证明自然安息角随测定方法和测定条件有较大变化，难以得到准确的数据。为了克服相似存在的问题，可以用下面一些检验模型来求证实验的相似性。

这些求证检验方法的共同基础是：当用重力放矿模型研究放矿过程的矿石损失贫化指

标时，其结果主要取决于放出体发育过程和放出体的几何形状和参数。如果现场崩落矿岩的放出体形状、参数和发育过程，与模型模拟松散材料的放出体形状、参数和发育过程几何相似，那么模型的放矿过程就与现场相似。如果在放矿的某一阶段现场和模型放出体几何相似，则这一阶段两者的放矿过程相似。根据这一原则，除实物和模型结构参数几何相似外，提出下列三个检验放矿过程相似的条件。

（1）现场崩落矿岩与模型模拟松散材料的放出椭球体偏心率相等，以及放出椭球体有关的参数几何相似，即

$$\left.\begin{array}{l}\bar{\varepsilon} = \varepsilon \\[2mm] \dfrac{\bar{d}}{d} = \dfrac{\bar{h}}{h} = \sqrt[3]{\dfrac{\bar{Q}}{Q}} = C_l \\[4mm] \bar{\theta} = \theta\end{array}\right\} \tag{7-18}$$

式中　$\bar{\varepsilon}$，ε——模型和实物的放出椭球体偏心率；

$\bar{d}$，d——模型和实物的放矿漏口尺寸，m；

$\bar{h}$，h——模型和实物的放出椭球体高度，m；

$\bar{Q}$，Q——模型和实物的放出椭球体体积，m^3；

$\bar{\theta}$，θ——有端壁限制时模型和实物放出椭球体轴偏角，（°）。

（2）崩落矿岩与模拟松散材料的放出椭球体长短半轴比相等，与放出椭球体有关的参数几何相似，即

$$\left.\begin{array}{l}\bar{m} = m \\[2mm] \dfrac{\bar{d}}{d} = \dfrac{\bar{h}}{h} = \sqrt[3]{\dfrac{\bar{Q}}{Q}} = C_l \\[4mm] \bar{\theta} = \theta\end{array}\right\} \tag{7-19}$$

式中　$\bar{m}$，m——模型和实物放出椭球体长短半轴比。

（3）崩落矿岩和模拟松散材料的塌落漏斗几何相似，即

$$\frac{\bar{d}_t}{d_t} = \frac{\bar{Z}_t}{Z_t} = \frac{\bar{h}}{h} = \frac{\bar{d}}{d} = C_l \tag{7-20}$$

式中　$\bar{d}_t$，d_t——模型和实物放出漏斗直径，m；

$\bar{Z}_t$，Z_t——模型和实物放出漏斗深度，m。

如果现场有留矿法采场或其他能够观察到放出漏斗的条件，可以用这个相似条件。

由现场实验或类似条件的矿山得到放出椭球体的偏心率或长短半轴比，由实验室单体实验得到模拟松散材料的放出椭球体偏心率或长短半轴比。调整模拟松散材料的粒级组成和改变它的松散系数，可使模拟松散材料与现场崩落矿岩的放出椭球体偏心率或长、短半轴比值相等。这种条件下的现场和模型放出椭球体的高度或长、短半轴比，就是模型实验

应采用的模拟比。

如果计算得到的几何模拟比与要求的几何比相差较大，则需重新调整材料的粒级组成及松散系数。如果希望模型实验按一定的模拟比 C_l 进行，则选配松散材料时，应在保证 $\overline{m} = m$ 的条件下，满足 $\dfrac{\overline{h}}{h} = \dfrac{\overline{d}}{d} = C_l$ 的要求。

改变模拟松散材料的粒级配比和松散系数，则放出椭球体的参数也随之改变。在实验室选配不同粒级配比和松散系数的松散材料，做单体模型实验，得出一组 $\overline{m}^2 = f(\overline{h})$ 关系直线后，即可按上述方法达到按某一几何模拟比来满足实验的要求，使放矿模型实验近似相似。

C　起始条件和边界条件相似

模型实验除要求满足上述二相似条件外，还应保证对实验结果影响较大的起始条件和边界条件相似。做重力放矿模拟实验时，在边界条件和起始条件方面应注意下列问题。

（1）模型中模拟松散材料的松散系数及其分布与现场不同的问题。模拟有底柱崩落法自由空间爆破放矿时，模型和实物的松散系数可能不同，利用放出松散材料重量换算放出体积时，应加以注意。挤压爆破放矿时，崩落矿石向前推移，且松散系数也有变化。因尚无完善方法测量推距和压实度，目前还只能根据估算模拟，再用现场资料验证的方法达到近似起始条件相似。

模型实验中，常用抽板法模拟爆破。现场爆破后，散体密度变大，而模型抽板后散体密度变小。为了减少这个影响，爆破模拟板应尽量薄，抽板前向出矿巷道端部填入部分松散材料。

（2）外摩擦角相似问题。模型上影响放矿过程的矿壁多用木板模拟。为增大其外摩擦系数以便尽量与现场相似，可在木板上贴砂纸或粘砂子。用透明壁时，应通过立体模型实验估计它的影响。

（3）模型边界对放出体发育影响的问题。放矿模型的尺寸应满足边界条件相似的要求，使放矿实验结果不产生大的偏差。模型高度不足，不能模拟全部覆盖围岩厚度时，应注意在实验过程中补充覆盖围岩，使之不影响实验结果。

（4）端部放矿模型实验时，应注意形成上部分段放矿留下的脊部矿石形状。

由于矿山生产条件十分复杂，在重力放矿实验中还应注意下面几个问题：

（1）矿石是粉矿或粒级较小时，不能将细粒级按几何比例缩小。因为粉状松散物料级矿石要大，将会影响实验结果。当细粒级占的密度大时，还应注意湿度对黏聚力的影响。在上述条件下要特别注意检验放出体几何相似条件，选配与现场放出体几何相似的松散材料。此外，当细粒级密度大，放矿时间长时，还应注意由于长时间压实，黏聚力增大对放出体参数的影响。

（2）覆盖废石的块度组成，多数情况下难于直接观测，只能用估计的块度组成来模拟。当废石细粒级密度大，而矿石块度大时，应特别注意细粒级废石渗漏引起的超前贫化的问题。

（3）崩落矿岩中最大块度尺寸与卡漏关系很大。大块卡漏时，细粒级自大块间隙流出，可能影响放出体的正常发育。按放出体参数几何相似模拟放矿时应注意大块卡漏的影响。

（4）装矿方式、铲取深度、消除堵塞等工艺应尽量与现场相似。

（5）铲取工具的尺寸应按模拟比缩小。

由以上讲述可见，在重力模型放矿中，如能保证模型和放出体几何相似，并尽量满足影响大的边界条件和起始条件相似，虽然动力相似条件不能满足，也能使放矿模拟实验达到近似相似，得到比较满意的实验结果。本章通过实验室重力模型放矿实验，研究了崩落采场放矿的崩落矿岩运动基本规律。目前国内外广泛利用重力模型放矿实验选择比较采矿法结构参数和放矿制度，预报崩落采场放矿的损失和贫化指标。

7.2.2.3 爆破模拟放矿相似条件

用模型实验研究与爆破有关的放矿问题时，如挤压爆破下的放矿和崩落矿柱后放矿等，要求模拟爆破相似、模拟的被崩落矿体相似和崩落矿石放矿过程相似。因为爆破机理和爆破模拟都是正在探讨和没有解决的问题，故只能根据对所研究问题有决定性影响的因素采用近似相似，研究定性的问题。下面介绍模拟矿柱崩落后放矿的一个推导相似条件的方法。

A 爆破模拟相似

大规模崩落矿柱时，对放矿有影响的是崩落矿石的分布。崩落矿石的分布主要与矿石的抛掷速度有关，可据此推导与装药量有关的相似关系式。

爆破时，矿石抛掷速度由下式决定，即

$$v = K_1 \frac{Q}{L^3} \tag{7-21}$$

式中　v ——爆破抛掷速度，m/s；

　　Q ——装药量，kg；

　　L ——抛掷距离，m；

　　K_1 ——与炸药和爆破介质有关的系数。

由量纲转换方法得：

$$C_v = C_{K_1} \frac{C_Q}{C_L^3}$$

$$C_Q = \frac{C_l^{3.5}}{C_{K_1}} \tag{7-22}$$

$$\overline{Q} = Q \frac{C_{K_1}}{C_l^{3.5}} \tag{7-23}$$

由装药直径与装药量的关系，推导装药直径相似关系式，即

$$Q = \frac{\pi}{4}d^2 \Delta l_{zh}$$

式中　d——装药直径，m；

　　　Δ——装药密度，kg/m³；

　　　l_{zh}——装药长度，m。

由量纲转换可得相似关系式，即

$$C_Q = C_d^2 C_\Delta C_l \tag{7-24}$$

将式 (7-24) 代入式 (7-22) 得：

$$C_d^2 C_\Delta C_l = \frac{C_l^{\frac{7}{2}}}{C_{Kl}}$$

$$C_d = \frac{C_l^{\frac{5}{4}}}{C_\Delta^{\frac{1}{2}} C_{Kl}^{\frac{1}{2}}} \tag{7-25}$$

$$\bar{d} = d \frac{C_\Delta^{\frac{1}{2}} C_{Kl}^{\frac{1}{2}}}{C_l^{\frac{5}{4}}} \tag{7-26}$$

这样即可得到崩落矿柱时近似相似的装药直径和装药量。炮孔布置应满足几何相似条件。其他爆破问题也可用类似方法得到爆破模拟相似关系式。这些相似条件应通过实践检验其相似程度。

B　被崩落矿体的相似

我们模拟爆破是为了研究放矿，要求爆破后有与现场崩落矿石有相似的粒级组成。达到这一目的的一种方法，是用预先选好的一定粒级配比的碎矿石以弱黏结材料固结起来模拟矿体，保证爆破后全部崩散。它要求黏结的矿体强度略小于模型相似条件要求的强度。模拟矿体强度的关系式是：

$$C_\sigma = C_\gamma C_l$$

$$\bar{\sigma} = \frac{\sigma}{C_\gamma C_l} \tag{7-27}$$

由此可知，模拟矿体黏结强度 $\bar{\sigma}$ 应略小于 $\dfrac{\sigma}{C_\gamma C_l}$。

C　崩落矿石放矿过程的相似

矿石崩落后，即按重力放矿进行放矿实验，因此模拟矿石被崩落后应满足重力放矿的相似条件：模型结构参数几何相似和放出体参数几何相似。就是说，应使爆破崩散后的模拟矿石满足重力放矿相似条件的要求。但完全满足这个要求目前在工艺上还有困难，因为难于保证黏结矿石全部崩散。

从上面的讲述可见，目前模型放矿实验也只能满足近似相似。因此，模型实验的结果要通过现场生产实验的检验。通过生产实践可以估计模型实验的可靠程度及其偏差。如果通过实践证明，模型实验结果的偏差在允许范围之内，就可以使用这种模型实验方法。

当不可能进行生产实验或者做生产实验很困难时，可用不同模拟比的模型实验结果来检验相似条件。如不同模拟比的实验结果互相符合，即证明模型实验满足近似相似的条件。如果不符合，则可根据实验结果估计偏差的大小。

当前各类模型放矿实验还不能满足相似条件的要求，需要进一步研究解决。但决不能由此而轻视模型放矿实验的重要意义。采矿工程问题十分复杂而且现场观察研究比较麻烦，因此模型实验是研究解决采矿问题的十分重要的一种方法。我们应尽量在近似相似和某些主要参数相似的条件下，利用实验室实验方法研究许多实际问题和理论问题，使采矿工程中的复杂问题逐步得到科学的解答。

7.2.3 物理模拟放矿实验设计

7.2.3.1 选择模型几何模拟比

根据模型放矿需要解决的问题，选择几何模拟比（几何相似常数）C_l。模拟比小，模型尺寸大，实验得到的数据精度高，结果比较可靠，但是工作量大，重复实验不方便；反之，模拟比大，模型尺寸小，工作量小，重复实验方便，但是所得数据精度低，可靠性差。

研究不同采矿法方案和放矿制度的损失贫化指标时，模拟的范围较大，又要求有一定精度，一般都采用模拟比 $C_l = 50$，即 1：50 的模型。当研究性问题不要求太高精度或初选方案要做大量实验时，采用模拟比 $C_l = 100$，即 1：100 的模型。有时用大模拟比模型检验 1：50 模型实验中间方案变化情况。

研究矿岩运动规律的单体模型和振动放矿模型，常用 $C_l = 20$ 或更小的模拟比。检验模型实验相似条件时，也要用小模拟比的模型。

7.2.3.2 模型设计

根据研究的采矿法参数和选定的模拟比 C_l 以及边界条件的要求，设计模型的尺寸。模型料箱高度应根据放矿层高度和覆盖废石高度设计。当放矿层高度加覆盖废石高度过大，模型料箱过高，工作不方便时，可将模拟废石高度降低。在放矿过程中，随覆盖废石下降，应不断向模型中补充废石，保证上部边界条件相似，不影响矿石损失和贫化指标的变化。端部放矿时，覆盖废石高度一般不低于 1.5 ~ 2 倍的分段高度；底部放矿时，根据实验目的，取放矿层高度的 1/2 以上。

当研究无底柱分段崩落法放矿的损失贫化指标时，模型第一、二分段放矿很难形成现场正常放矿那样正面和侧面矿石脊部轮廓形状。因此一般都连续做三个分段以上的放矿实验，取第三分段以后的放矿指标。这时模型料箱高度按三个分段高度加上覆盖废石高度设计。

模型的宽度和厚度应满足边界条件的要求。如果模型模拟范围不包括矿壁和顶底板岩壁，那么模型无矿岩硬壁存在一侧的箱壁应在放出口影响的矿岩流动带以外。根据这个原则，无矿岩壁一侧的箱壁距放矿口的距离，应不限制该放矿口最终松散椭球体的发育，即大于最终松散椭球体的短半轴。

设计的模型架应适用于多种用途，例如大模型架隔开即可做小模型架用。模型架结构应便于装料和卸料；放矿口位置适宜，便于工作。模型架稳定性要好，放矿实验过程中不发生变形，料箱四角要密封，保证不漏矿，漏斗闸门要启闭灵活。

为使放矿实验现代化，目前正研制自动化放矿模型。

7.2.3.3　选择模拟松散材料

模拟松散材料应能破碎成各种粒级，有一定强度，在放矿过程中不破碎并能较长期保持原有的物理力学性质。模拟矿石与废石的材料的颜色最好有显著区别且易于分选。二氧化硅含量应符合卫生条件。最常用的模拟松散材料是品位较高的磁铁矿石和白云岩，也有用现场的矿石和围岩作模拟材料的。在大模拟比的模型上（1∶100，1∶200），研究一般放矿规律时，常用砂子做模拟松散材料；选用磁性和非磁性材料模拟矿石和废石时，在使用前要经过磁选，将非磁性材料中的磁性材料和磁性材料中的非磁性材料完全选别出来。模拟松散材料破碎成各种粒级后，最好分存于料仓中，以备日后应用方便。

应根据现场崩落矿岩的粒级组成、内摩擦角和黏聚力以及放出体参数，选取适宜的模拟松散材料。为了选配模拟材料方便，可将备好的材料做物理力学性质实验和放出体参数实验，将数据做成图表备用。

模拟松散材料经多次实验使用，棱角磨圆，物理力学性质和放出体参数会发生变化，故应定期检验，修正使用数据或更换新的材料。

7.2.3.4　模型实验辅助器件

（1）端部放矿的模拟出矿巷道。端部放矿时，自巷道端部用装载设备出矿。平面模型要在模型的出矿口装上一段用铁皮或铝合金板按几何模拟比做成的出矿巷道。立体模型时，用铁皮或铝合金做成模拟巷道，伸入模型内。用抽动巷道顶板或整个巷道的方法模拟一个步距的爆破。模拟巷道壁既要薄，又要有一定强度，不变形。

（2）模拟爆破步距板。端部放矿模拟爆破步距板和脊部模拟板端部放矿实验时，用抽出模拟爆破步距板的方法模拟爆破。爆破步距板按每一放矿步距崩落矿层的面积形状用薄铁板做成。爆破步距板自料箱上部（立体和横平面模型）或后侧（纵平面模型）抽出。当扇形炮孔边孔倾角大于矿石移动角或回采巷道间距过小，放矿时相互影响时，除爆破步距板外，还要安设和抽动脊部板。爆破时它与回采巷道同时向外抽动。当边孔倾角小于矿石移动角时，可不用脊部板。模拟爆破的这些器件的结构和操作工艺都需进一步研究改进。

（3）实验用标志颗粒和标志层。为了圈定放出体体形，在向模型中装入模拟松散材料的同时，需按一定空间坐标放置标志颗粒。常用做标志颗粒的有涂色碎石块、硬塑料短管或颗粒、短绝缘磁管等。标志颗粒与模拟松散材料的粒级应近似。因个别颗粒随整体松散材料流动，与其密度无关，故标志颗粒不受密度的限制，但放出过程不能发生变形和破坏。标志颗粒应标以不重复的编号。

当在模型透明壁前观察崩落矿岩运动规律时，靠近透明壁以一定间隔用易于和崩落矿岩颜色区分的粉末做标志层。也可用涂以不同颜色的矿岩碎块做标志层。标志颗粒在空间的布置及标志层间隔尺寸，根据实验要求的精度设计。

（4）磁力分选器。放矿实验过程中和放矿实验完毕后，分选废石和矿石的工作量很大。目前应用磁选分选代替人工。简易分选法是将永磁块放在铝容器内或用布包裹后放进非磁性和磁性混合材料堆中，磁性材料即被吸附在铝容器底或布上，然后移出堆外，取出永磁块，磁铁碎矿即自然落下，达到分选目的。

7.2.4 物理模拟实验步骤及工艺

7.2.4.1 重力放矿模型实验

A 模型实验准备

根据所研究的问题选取模型实验模拟比；再根据现场崩落矿岩物理力学性质或所研究的问题选取模拟松散材料；准备模型架和模型实验需用的辅助器件；根据实验设计准备标志颗粒，并校对它们的标号；按实验要求准备出矿工具、容器及称重衡器。如用容器按体积量取出矿量，要校验装入容器容积与模型内装填容积的关系，因为容器内的松散系数与模型内的松散系数不同。称重衡器也应进行校准。

B 装填模型

按设计向模型装填模拟松散材料、标志颗粒和标志层。松散材料应按设计的松散系数装入模型。松散材料装入模型后，由于自重会压实下沉。下沉量大小随松散材料性质、装填高度、装填松散系数及放置时间而变化。装填模型时，可根据实验或经验估计下沉量。装填时需记录装入材料重量和装入容积，测定和计算装填松散系数及容重。放矿时根据放出重量及模型装填容重计算放出体体积。

做放出体形状实验时，随着装料高度按设计放入标志颗粒。使用空心管状标志颗粒时，将标志颗粒按坐标穿在拉紧子模型中的细铁丝上，装料完毕后，将细铁丝自模型中拉出，标志颗粒即按设计坐标位置留于模型松散材料中。使用块状标志颗粒时，在模型上标出坐标网格或做标志颗粒模板，将标志颗粒按设计位置放好，然后再小心装料，避免标志颗粒发生移动。放置标志颗粒的工作要十分小心，每放一层标志颗粒之前，都要平整松散材料。

在透明玻璃壁上观察标志层移动时，布置标志层的间隔要估计松散材料下沉量。装好模型后要重新记录标志层的位置。如果装填高度大，透明壁前面应加设加固梁，防止透明壁变形或胀破。

装料的过程要前后一致，保证模型的松散系数没有变化；同时应注意避免松散材料自模型缝隙中流出，影响实验结果。全部装料过程应详细记录。

C 进行放矿实验

模型装好后，按设计要求进行放矿实验。每次放矿量按现场生产计量单位换算或按研究问题决定。小的出矿量单位以装运机铲斗或车为准，大的出矿量单位常以班产量为准。根据现场和模型的矿岩和松散材料的容重，将现场出矿量换算成模型出矿量。

实验过程中要详细记录放出量、分选后的模拟矿石量和废石量，以及各次放出量中的标志颗粒。按一定放出量间隔描绘或摄影记录标志层或标志颗粒的变化。研究颗粒运动轨迹时，需用快速摄影机。整个放矿过程应详细记录。

实验过程中要经常注意放出口有无堵塞卡漏现象，并及时消除。出现卡漏或其他异常现象都应加以记录。

抽掉模拟爆破板及抽出回采巷道时，要特别注意，尽量降低抽板对模型内松散材料状态的影响。

放矿实验中用容积计量和称量。用容积计量时应注意使每次计量的松散系数一致。用自动记录重量的计量装置是比较理想的，目前正在积极研制。

根据设计的放矿截止贫化率，停止各放出口的放矿工作。

放矿过程中不应振动模型或使一次实验长期中断，以免模型中二次松散带发生异常变化。

D　整理实验记录资料

放出体体积可用式（7-28）计算，即

$$Q = \frac{W_k}{\gamma_{sk}} + \frac{W_y}{\gamma_{sy}} \tag{7-28}$$

式中　Q——放出体体积，cm^3；

W_k——放出模拟矿石重量，g；

W_y——放出模拟废石重量，g；

γ_{sk}——模拟矿石装填容重，g/cm^3；

γ_{sy}——模拟废石装填容重，g/cm^3。

因为模型中矿石和废石的容重比常不等于现场崩落矿岩的容重比，而模型放出体与现场放出体几何相似，所以模型放矿实验主要计算体积贫化率或体积废石混入率。现场与模型的体积贫化率相等，因为它是一个无量纲值。用模型体积贫化率可以换算出现场重量贫化率。

模型实验放出矿石当次体积贫化率可用式（7-29）计算，即

$$D_{dq} = \frac{Q_{dy}}{Q_{dy} + Q_{dk}} \times 100\% = \frac{\dfrac{W_{dy}}{\gamma_{sy}}}{\dfrac{W_{dy}}{\gamma_{sy}} + \dfrac{W_{dk}}{\gamma_{sk}}} = \frac{W_{dy}\gamma_{sk}}{W_{dy}\gamma_{sk} + W_{dk}\gamma_{sy}} \times 100\% \tag{7-29}$$

式中　D_{dq}——放出矿石当次体积贫化率，%；

Q_{dy}——当次放出量中废石的装填松散体积，cm^3；

Q_{dk}——当次放出量中矿石的装填松散体积，cm^3；

W_{dy}——当次放出量中废石的重量，g；

W_{dk}——当次放出量中矿石的重量，g。

现场重量贫化率可用式（7-30）计算，即

$$D_{dw} = \frac{Q_{dy}\gamma_y}{Q_{dy}\gamma_y + Q_{dk}\gamma_k} \times 100\% \tag{7-30}$$

式中　D_{dw}——现场重量贫化率，%；

γ_y——现场崩落废石容重，t/m^3；

γ_k——现场崩落矿石容重，t/m^3。

模型中松散物料重量以 g 计，体积以 cm^3 计，而现场崩落矿石的重量和体积以 t 和 m^3 计。模型和现场的重量和体积可用式（7-31）换算，即

$$Q = \frac{Q_m C_l^3}{10^6} \tag{7-31}$$

$$W = \frac{W_{\mathrm{m}} C_l^3}{10^6} \cdot \frac{\gamma_{\mathrm{ky}}}{\gamma_{\mathrm{m}}} \qquad (7\text{-}32)$$

式中　Q——现场崩落矿岩体积，m^3；

Q_{m}——模型松散物料体积，cm^3；

W——现场崩落矿岩重量，t；

W_{m}——模型松散材料重量，g；

γ_{ky}——现场崩落矿岩容重，$\mathrm{t/m}^3$；

γ_{m}——模型松散材料容重，$\mathrm{g/cm}^3$；

C_l——模型几何模拟比。

将放出量中的总矿石体积和总废石体积代入式（7-29）和式（7-30）中，即可求得该放出量的平均体积贫化率和现场平均重量贫化率。已知模型放出量和放出模拟矿石量，经过模型和现场换算即可求得现场视在回收率和实际回收率。根据现场矿石和废石品位和求得的现场重量贫化率，即可计算得到现场放出矿石品位变化。这样通过模型实验就将现场放矿的矿石回收和贫化指标计算出来。

做放出体参数实验时，将放出的标志颗粒位置用圆滑曲线连起来，即可得到放出体的体形。当放出体较大时，放出体表面颗粒在一段时间内达到放出口，因此圈定放出体体型时，应注意找到放出体表面标志颗粒同时（或一段时间）放出的矿石量。

E　分析资料，优选方案

从放矿工艺方面来说，最优方案的标准是：

（1）贫化前纯矿石回收率最高；

（2）在实际贫化率相等的条件下，实际回收率最高；

（3）当贫化率增长速度快，纯矿石回收率高。

优选方案有两种方法。一种是列表法。将各方案按相同实际贫化率列表，比较矿石实际回收率和放出纯矿石回收率，选取最优方案。

另一种是特征指标比较法。将上述两个标准，用一个特征指标表示，用比较特征指标的方法优选方案。常用的指标是回贫差 E 和回采效率 μ。

回贫差 E 是放矿过程中实际回收率与实际贫化率曲线。覆岩下放矿时，放出矿量愈多，实际回收率愈高，但实际贫化率也随之急剧增大。实际回收率曲线随放出矿量增加由陡变缓，而实际贫化率曲线则由缓变陡。这样回贫差曲线和回采效率曲线就有一个极大值。各比较方案中回贫差极大值最大者为最优方案。

回采效率的定义是实际回收率与 1 减实际贫化率的乘积，即

$$\mu = \eta_{\mathrm{k}} \left(1 - \frac{D_{\mathrm{y}}}{100} \right) = \frac{W_{\mathrm{k}}^2}{W_{\mathrm{fk}} W_0} = \frac{\eta_{\mathrm{k}}^2}{\eta_{\mathrm{s}}} \qquad (7\text{-}33)$$

式中　μ——回采效率，%；

η_{k}——矿石实际回收率，%；

D_{y}——矿石实际贫化率（废石混入率），%；

W_{k}——放出矿量中的纯矿石量，t 或 g；

W_{fk}——放出矿量，t 或 g；

W_0——崩落工业矿量，t 或 g；

η_s——矿石视在回收率，%。

矿石实际回收率 η_k 表示自崩落矿石中放出多少矿石，而 $1 - \dfrac{D_y}{100}$ 则表示放出矿石中废石混入的程度。两个数相乘表示矿石回收与贫化的综合效率。它与回贫差的关系可用式 (7-34)、式 (7-35) 导出，即

$$\mu = \eta_k\left(1 - \frac{D_y}{100}\right) = \eta_k - \frac{\eta_k D_y}{100} = \eta_k - D_y + D_y - \frac{\eta_k D_y}{100} = E + D_y\left(1 - \frac{\eta_k}{100}\right) \quad (7\text{-}34)$$

$$E = \mu - D_y\left(1 - \frac{\eta_k}{100}\right) \quad (7\text{-}35)$$

式中 E——回贫差，%。

两个指标的意义相近似，都以百分数表示，但回贫差更直观易算，使用方便。两指标的差值很小，对优选方案影响不大。

上面计算得出的是废石不含有用成分时的特征指标值。当现场废石含有用成分时，还应考虑废石中有用成分的影响。将实际回收率换算成有用成分回收率，将实际贫化率换算成视在贫化率，再进行比较，检验废石含有用成分是否对优选方案有影响。

视在贫化率可由式 (7-36) 计算，即

$$D_s = D_y \frac{G_0 - G_y}{G_0} = \frac{G_0 - G_k}{G_0} \quad (7\text{-}36)$$

有用成分回收率可由式 (7-37) 计算，即

$$\eta_{hj} = \eta_s\left(1 - \frac{D_y}{100}\right) \quad (7\text{-}37)$$

式中 D_s——视在贫化率（品位降低率），%；

  D_y——实际贫化率（废石混入率），%；

  η_{hj}——有用成分回收率，%；

  η_s——视在回收率，%；

  G_0——崩落区段工业矿石品位，%；

  G_y——混入废石含有用成分品位，%；

  G_k——放出矿岩混合品位，%。

回贫差及回采效率仅考虑了放矿工艺过程中矿石回收及贫化指标。最终决定现场采矿法方案、采矿法结构参数及放矿制度时，还应考虑其他技术因素和综合经济效果。

F 编写放矿实验报告

实验完毕后，要编写实验报告。放矿实验包括研究崩落矿岩运动规律和优选方案两大类。第一类实验内容广泛，根据实验研究的要求编写报告；第二类实验可按下列内容及顺序编写报告：

(1) 实验矿山或区段、采场的地质条件和技术条件简单介绍；

(2) 实验采矿法方案的简单描述；

(3) 物理模拟放矿实验方案介绍；

（4）模型实验相似条件、选用模型结构参数及模拟松散材料介绍；

（5）实验方法说明；

（6）各方案实验取得的主要数据及其对比分析；

（7）某矿山生产数据或数字模拟计算结果的比较，对实验结果的评价；

（8）推荐最优方案。

7.2.4.2 其他物理模拟放矿实验工艺特点

A 爆破模拟放矿实验

爆破模拟实验需用相似材料模拟矿体，还要选用模拟炸药及解决模拟爆破的工艺问题。因这种实验方法尚不完善，仅将实验矿柱崩落放矿方法简单介绍如下。

根据矿山及实验室条件选取几何模拟比。根据矿山崩落矿石物理力学性质、块度组成及放出体参数选取相似材料骨料及黏结材料。黏结材料多用石膏细砂做成。

根据选用的炸药及爆破方法设计模拟爆破工艺。近似模拟常用的炸药有导爆线、泰安和液体炸药。炸药直径大于 1.5mm 时用泰安炸药，小于 1.5mm 用液体炸药。

根据选用的爆破工艺及采矿法参数设计模型架。模型架应特别坚固，爆破时不发生变形；矿石崩落后进行放矿实验。

B 振动模拟放矿实验

振动放矿与重力放矿的模型架结构基本相同。模型放矿口及下部装振动放矿装置模型，其参数按相似条件选取。实验用振动放矿装置模型的振动参数，如频率、振幅、激振力、安装角、振动角及埋设深度等应是可调的，以便实验各振动参数对放矿规律的影响。振动平台与松散材料用柔软物料隔开，避免碎石渗入机器发生故障和防止模型架发生振动，以免影响实验结果。

C 放矿时底部结构地压显现模型实验

做这种实验时，在底部需要测压的部位放置压力传感器或底部为弹性测压底座。放矿时利用测试仪器测量放矿过程中底部压力变化。压力传感器多为电阻片式。传感器与多道动态应变仪和多线示波器连接，由示波器记录放矿过程中压力变化。传感器用前和用后都要率（标）定，以取得测量数据。

D 放矿巷道合理结构参数模型实验

这种实验多用 1:5~1:10 大比例模型。它主要研究出矿口成拱堵塞机理及合理的巷道结构参数。合理结构参数的标志从放矿角度来说就是成拱堵塞次数。同样条件下成拱堵塞次数少的是较合理的结构。此外还要考虑巷道的稳定性。

7.2.4.3 减小物理模拟实验误差的方法

A 实验操作严格按设计进行

每次实验和重复实验的操作应前后一致，如铲取矿石方式，量取放出体积方法，装填松散材料，抽爆破板等。

模型装填松散系数要符合设计要求，装料后要核实实际松散系数值，以免发生计算误差。实验过程中防止模型振动、变形和自缝隙漏出松散材料。模型的实验指标是通过模型松散材料的容重换算的，因此要特别注意保持一定的松散系数值。

抽模拟爆破板常使二次松散带发生变化和将矿石带入废石中去，应注意小心操作和不断改进。

用网格法摆标志颗粒，一方面要注意平整材料平面，另一方面还应保证设计的松散系数，装料时还应注意不使标志颗粒发生移动。

B 慎重选取原始数据

由于模型实验技术和现场测试技术都还不够完备，故目前仅能近似相似。有一些数据需要估算，估算时要慎重。如推移距离，一般都取为爆破步距的20%，即挤压爆破后崩落矿石松散系数为1.2。但不同条件下，这个数值是变化的。对这类数据，在解决具体生产问题时，应慎重地反复地按实际指标加以校验。

采矿条件既复杂又多变，因此选取现场原始指标时要慎重，测量次数及范围要达到误差要求。测得的数据离散度较大时，测量的次数要相应增加，测量次数可按式（7-38）、式（7-39）选取，即

$$N = t^2 \frac{K_b^2}{K_u^2} \tag{7-38}$$

$$K_b = \frac{\sigma}{\bar{x}} \tag{7-39}$$

式中 N——需要测试的次数，次；

K_b——变异系数,%；

σ——测量数据的标准离差；

$\bar{x}$——测量数据的平均值；

K_u——测量实验的允许误差,%；

t——一定置信水平 P 值下的 t 检验值，t 值可由下表选取。如要求测得数据95%可靠，则取 t 值为1.96。

C 注意边界条件和起始条件的相似

如作无底柱分段崩落法放矿实验时，应注意形成上部正面及侧面矿石脊部形状；无矿岩壁限制时，模型的几何尺寸要保证放出体和松散体的发育等。

D 检验实验结果

为了保证实验结果可靠，选取较优方案后，最好以稍小于或稍大于该方案的参数进行校核实验，检验其可靠性。为了检验相似条件是否满足要求，可以大于或小于实验采取的几何模拟比进行相同实验。如不能满足相似要求，可以估计用于实际问题时需采用的校正系数。

7.3 放矿数学分析计算法

根据物理模型实验和现场实验得出之放矿规律导出数学模型，用计算方法求得放矿问题有关参数的方法叫做数学模拟法。近些年来电算技术广泛用于科研和生产，使得一些运算繁难的数学模拟实验方法得以实现。

7.3.1 数学分析计算

根据实验室和现场放矿实验得出之崩落矿岩运动规律，对现场具体条件做一定的抽象

假设使之标准化后，写出与数学模型计算有关放矿问题的各项参数。标准化条件是导出各数学模型的前提。使用这些数学模型解决具体问题时，要注意这一前提，以便估计计算结果的误差范围。将有关数学模型编成电算程序，向计算机内输入不同原始数据，可进行大量运算，做出各参数变化的图表。下面举例介绍底部放矿和端部放矿的某些数学模型和标准化条件。

7.3.1.1 底部放矿数学模型

编制底部放矿数学模型时常做的标准化假设：

（1）放出体是一个旋转椭球体，松动体也是一个旋转椭球体。

（2）放出椭球体的体积，当崩落矿石层高度与放矿口直径之比小于 20 时，按截体旋转椭球体计算；大于 20 时，按旋转椭球体计算。

（3）放出漏斗体积等于放出漏斗体积内矿石的体积；放出漏斗是一圆锥体。

（4）放出椭球体体积等于放出矿量的体积；放出椭球体伸入废石中的体积等于放出矿量中废石的体积；放出椭球体内废石体积与放出椭球体的体积之比的百分数，是放出矿石体积贫化率，其重量之比是矿石贫化率；放出椭球体内矿石体积与该放出口负担的全部工业矿石体积之比的百分数，是矿石实际体积回收率，其重量之比是实际矿石回收率；矿石与废石流动特性相同。

（5）放矿口平面上废石的面积与放矿口面积之比，是该时刻放出矿石的当次贫化率。

根据这些条件可以编制计算放矿损失贫化指标和优选方案的数学模型。

7.3.1.2 端部放矿数学模型

编制端部放矿数学模型时常做的标准化假设如下：

放出体是下部为回采进路截切的半个旋转椭球体或者是向崩落区方向倾斜的扁椭球缺。矿石和废石的流动特性相同。在平巷全宽上均匀放矿。端壁是垂直的。

放出体内废石体积与放出体体积之比的百分数，是放出矿石的体积贫化率，其重量之比是矿石贫化率。放出体内矿石体积与本步距崩矿体积之比的百分数，是矿石体积实际回收率，重量之比是矿石的实际回收率。

放矿层高度等于二倍分段高度减去回采巷道高度。放出椭球体宽度近似等于巷道间距减去巷道宽度。放矿时只发生正面贫化，顶部及侧部不发生贫化或贫化甚小，可以略去。矿壁高度等于放矿高度。

7.3.2 模型数学描述

下面以端部放矿数学模型为例，介绍三种优选合理步距的数学模型。

7.3.2.1 放出体为半个旋转椭球体的数学模型

A 确定原始数据

由模型或现场实验，用端部放矿的公式计算放出椭球体参数：偏心率 ε、长半轴 a 和短半轴 b。已知分段高度和回采进路断面后即可求得相应放出椭球体参数，如图 7-1 所示。

根据放出椭球体短半轴选取回采进路间距，即

$$l_\mathrm{h} \approx 2b + B_\mathrm{h} \tag{7-40}$$

式中 l_h——回采巷道间距，m；

b——放出椭球体短半轴，m；

B_h——回采巷道宽度，m。

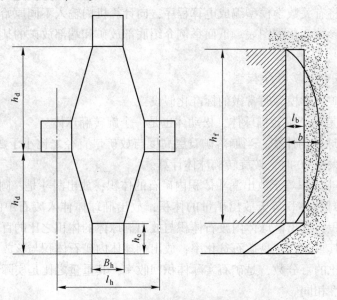

图 7-1 数学模型巷道布置图

根据矿山分段高度及回采进路高度确定放矿层高度，即

$$h_f = 2h_d - h_c \tag{7-41}$$

式中 h_f——放矿层高度，m；

h_d——分段高度，m；

h_c——回采进路高度，m。

B 数学模型

将不同放矿步距用放矿步距折算系数，即

$$K_r = \frac{l_b}{b} \tag{7-42}$$

式中 K_r——放矿步距折算系数，该值的运算范围一般取 0.5~1.0，大于或小于这个范围，一般都超出最佳值；

l_b——放矿步距，m。

计算不同步距时的贫化率，即

$$D_y = 100 - 150K_r\left(1 - \frac{K_r^2}{3}\right) \tag{7-43}$$

式中 D_y——体积贫化率，%。

计算视在体积回收率，即

$$\eta_s = \frac{Q_h}{Q_0} \times 100 \tag{7-44}$$

式中 η_s——视在体积回收率，%；

Q_h——放出半椭球体体积，m³；

Q_0——崩矿层体积，m^3。

$$Q_0 = l_b(h_d l_h - h_c h_b) \tag{7-45}$$

计算不同步距体积实际回收率，即

$$\eta_k = \eta_s \left(1 - \frac{D_y}{100}\right) \tag{7-46}$$

式中　η_k——体积实际回收率，%。

计算不同步距回采效率或回贫差，即

$$\mu = \eta_k \left(1 - \frac{D_y}{100}\right) \tag{7-47}$$

$$E = (\eta_k - D_y) \tag{7-48}$$

式中　μ——回采效率，%；

E——回贫差，%。

将以上各式计算得出的不同步距的各数据列表或做曲线，找出最高回采效率或回贫差时的 l_b 值，即为最优步距。因数学模型做了一系列假设，得出的最优步距是一个范围。用这种数学模型时，回采巷道间距近似等于放矿椭球体宽度加上回采进路的宽度，过大和过小时将影响优选结果。

7.3.2.2　放出体为前倾扁椭球缺的数学模型

如图 7-2 所示，放出体为一前倾 θ 角的扁椭球缺，其他条件同前。

A　确定原始数据

由模型或现场实验测得前倾扁椭球缺的长半轴 a、横短半轴 b、纵短半轴 c 及前倾轴偏角 θ，其他原始数据的求得方法与放出体为半个旋转椭球体的数学模型同。

B　数学模型

首先确定不同的步距值 l_b。

根据端部放矿的公式计算放出体体积 Q_h 和正面混入废石体积 Q_y。

计算实际体积贫化率 D_y，即

$$D_y = \frac{Q_y}{Q_h} \tag{7-49}$$

然后按式（7-44）~式（7-48）依次计算视在体积回收率 η_s、崩矿层体积 Q_0、实际回收率 η_k、回采效率 μ 或回贫差 E。

将不同放矿步距值代入以上各式，求不同步距值时的各种参数值；列表或做图选取最优步距值。

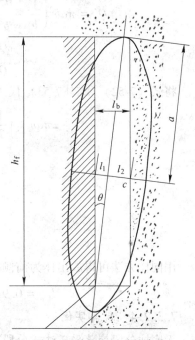

图 7-2　前倾扁椭球缺参数

7.3.2.3　极值法求最优步距

假定回采效率或回贫差为最大值时为最优步距，以各矿石体积表示的回采效率公式，即

$$\mu = \frac{Q_k^2}{Q_0 Q_h} \tag{7-50}$$

式中 Q_k——放出矿石中工业矿石体积，m^3；

　　　　Q_0——崩落矿石松散体积，m^3；

　　　　Q_h——放出矿石松散体积，m^3。

式（7-50）中的 3 个体积都为崩矿后同一松散系数的松散体积。其中 Q_k 和 Q_0 都是步距 l_b 的函数。将回采效率以 l_b 的函数表示，对 l_b 求导数并求其极值，即可得最优步距 μ，即

$$\mu = f(l_b) = \frac{Q_k^2}{Q_0 Q_h}$$

$$f'(l_b) = \frac{2 Q_k Q_h Q_0 Q_k' - Q_h Q_k^2 Q_0'}{Q_0^2 Q_h^2} = 0$$

$$2 Q_0 Q_k' - Q_k Q_0' = 0 \tag{7-51}$$

将 l_b 代入 Q_0 及 Q_k，解式（7-51）即可得 l_{bm}。

当放出体为半椭球体时：

$$\left. \begin{array}{l} Q_k = \dfrac{2}{3}\pi ab^2 - \pi ab^2 \left(\dfrac{2}{3} - \dfrac{l_b}{b} + \dfrac{l_b^3}{3b^3} \right) = \pi ab^2 \left(\dfrac{l_b}{b} - \dfrac{l_b^3}{3b^3} \right) \\[3mm] Q_k' = \pi ab^2 \left(\dfrac{1}{b} - \dfrac{l_b^2}{b^3} \right) \end{array} \right\} \tag{7-52}$$

$$\left. \begin{array}{l} Q_0 = l_b(h_d l_h - h_c B_h) \\[2mm] Q_0' = h_d l_h - h_c B_h \end{array} \right\} \tag{7-53}$$

将式（7-52）、式（7-53）代入式（7-51），得：

$$2\pi ab^2 l_b \left(\frac{1}{b} - \frac{l_b^2}{b^3} \right) - \pi ab^2 \left(\frac{l_b}{b} - \frac{l_b^3}{3b^3} \right) = 0$$

$$2 - 2\frac{l_b^2}{b^2} - 1 + \frac{l_b^2}{3b^2} = 0$$

$$3b^2 - 5l_b^2 = 0$$

$$l_{bm} = \sqrt{\frac{3}{5}} b = 0.77b \tag{7-54}$$

用同样方法可得放出体为前倾椭球缺时，即

$$l_{bm} = 0.9a\tan\theta + \sqrt{0.9a^2\tan^2\theta + 0.6c^2} \tag{7-55}$$

7.3.2.4　计算实例

无底柱分段崩落采矿法，分段高 10m，回采进路间距 10m，回采进路 $3\times3m^2$；菱形布置；放矿层高 17m。

（1）按半旋转椭球体计算。放出椭球体偏心率 $\varepsilon = 0.9167$，短半轴 $b = 3.5$m，崩矿层面积 91m^2，放出体积 $Q_h = 235m^3$。代入式（7-42）～式（7-48）计算，数据列入半椭球体计算数据表（表 7-1）。

表 7-1　半椭球体计算数据表

放矿步距 l_b/m	$K_r = \dfrac{l_b}{b}$	崩矿体积 $Q_0 = 91l_b$/m³	贫化率 /%	视在回 收率/%	实际回 收率/%	回采效率 /%	回贫差 /%
1.8	0.515	164	29.3	144.2	101.9	72.0	71.6
2.0	0.572	182	23.6	129.2	98.7	75.4	75.1
2.2	0.629	200	18.1	117.4	96.2	78.8	78.1
2.5	0.715	228	10.9	103.1	91.9	81.9	81.0
2.8	0.800	254	5.6	92.5	87.3	82.4	81.7
3.0	0.857	273	2.9	86.2	83.7	81.3	80.8
3.2	0.914	291	1.0	80.7	79.9	79.1	78.9
3.5	1.000	318	0.1	73.9	73.8	73.7	73.7

由半椭球体计算数据表可知，最优步距在 2.5~3.0m 范围内。

用式（7-54）进行计算，得

$$l_{bm} = 0.77b = 0.77 \times 3.5 = 2.695m$$

与表内计算数据相符。

（2）按前倾扁椭球缺计算。长半轴 $a = 9m$，横短半轴 $b = 3m$，纵短半轴 $c = 2.6m$，轴偏角 $\theta = 7°$，放出体积 242m³。计算数据列入前倾扁椭球缺计算数据表（表 7-2）。

表 7-2　前倾扁椭球缺计算数据表

放矿步距 l_b/m	$l_b = a\tan\theta$/m	崩矿体积 $Q_0 = 91l_b$/m³	废石体积 Q_y/m³	贫化率 /%	视在回 收率/%	实际回 收率/%	回采效率 /%	回贫差 /%
1.8	0.7	164	94.5	39.1	147.5	90.0	54.8	50.9
2.0	0.9	182	79.5	32.9	133.5	89.5	60.0	56.6
2.2	1.1	200	66.0	27.3	122.1	88.2	64.2	60.9
2.5	1.4	228	47.0	19.4	106.0	85.5	69.0	66.1
2.8	1.7	254	30.0	12.4	95.5	83.7	72.0	71.3
3.0	1.9	273	21.0	8.7	88.5	80.8	73.7	72.1
3.2	2.1	291	13.0	5.4	83.0	78.5	74.3	73.1
3.5	2.4	318	4.5	1.9	76.0	74.5	73.1	72.6
3.7	2.6	336	0.9	0.4	72.0	71.5	71.2	71.1

由前倾扁椭球缺计算数据表可知，最优步距在 2.8~3.5m 范围内。

用式（7-55）进行计算，得：

$$l_{bm} = 0.9 \times 9 \times 0.1228 + \sqrt{0.9 \times 9^2 \times 0.1228^2 + 0.6 \times 2.6^2} = 3.26m$$

与表内计算结果相符。

计算所得为松散矿石放矿步距，除以爆破后矿石松散系数，即得实体崩矿步距。如将此例中体积全用实体体积代入，则可直接算出崩矿步距。由此例可见，两种计算方法的结果不同，轴偏角愈大，差别愈大。所以当轴偏角较大时，应使用第二种方法计算。第一种方法计算简便，但误差稍大。第三种极值计算法最简单，但不能得到步距变化时各种指标的变化趋势。

上述计算法没有考虑顶部和侧部贫化以及回采巷道间距的影响，这是应当进一步改进的。

利用式（7-54）和式（7-55）可将最优步距 l_{bm} 与放出椭球体和采矿法结构参数的关系做成曲线图来研究放矿最优步距的变化趋势。用公式（7-54）做的最优步距 ε、B_h 和 h_f 的关系曲线图。根据曲线图可以查得合理的崩矿步距值。编好数学模型，利用电子计算机可以迅速而简便地研究各参数间的变化关系。

$1-B_h=3$，$h_f=17$；$2-B_h=4$，$h_f=17$；$3-B_h=5$，$h_f=17$；$4-B_h=3$，$h_f=22$；$5-B_h=3$，$h_f=27$

数学模拟做了标准化假设，得出的是相对值和一个合理范围值。它可以做实验室和现场实验及设计计划的参考。

7.4　数值模拟放矿实验法

7.4.1　颗粒流程序主要功能和应用范围

颗粒流是指颗粒组成的聚集材料在外力作用下或内部应力状况发生变化时产生的类似流体的运动状态。自然界中，滑坡、雪崩、沙丘迁移、散态物料输送以及泥石流等都是明显的颗粒流动例子。

颗粒流的研究始于 20 世纪 50 年代，1971 年 Cundall 率先提出离散单元法，随后 Cundall 和 Strack 开发并推出了适用于岩土力学的颗粒元 PFC^{2D} 和 PFC^{3D} 程序。PFC（Particle Flow Code，即颗粒元程序）是利用显式差分算法和离散元理论开发的微/细观力学程序。

PFC 程序的离散单元为圆形颗粒（圆盘或圆球），与 UDEC 程序将离散单元视为多边形块体明显不同。该程序基于介质内部结构（颗粒和接触），从细观力学行为角度研究介质系统宏观的力学特征和力学响应。

（1）主要功能。PFC 程序能够进行离散颗粒集合体的静力分析、热分析、流固耦合分析和结构工程在地震作用下的动力响应分析等。其主要特点有：

1）该程序将离散介质视为颗粒的集合体，集合体由颗粒和颗粒之间的接触两个部分组成；颗粒大小可以服从任意的分布形式；凝块模型支持凝块的创建，凝块体可以作为普通形状"超级颗粒"使用。

2）可指定任意方向线段为带有自身接触性质的墙体，普通的墙体提供几何实体；模拟过程中颗粒和墙体可以随时增减。

3）"蜂房"映射逻辑的使用确保了解题时间与系统颗粒数目呈线性（而非指数）增长；提供了局部非黏性和黏性两种阻尼；密度调节功能可用来增加时间步长和优化解题效率；除全动态操作模式外，PFC 还提供了准静态操作模式以确保快速收敛到稳定状态解。

4）接触方式和强度特征是决定介质基本性质的重要因素；"接触"模型由线性弹簧或简化的 Hertz-Mindlin、库仑滑移、接触或平行链接等模型组成。内置接触模型包括简单的黏弹性模型、简单的塑性模型，以及位移软化模型。

5）通过能量跟踪可以观察体功、链接能、边界功、摩擦功、动能、应变能，可以在任意多个环形区域量测平均应力、应变率和孔隙率，可以实时追踪所有变量并能存储起来或绘成"历史"视图。

（2）应用范围。PFC 程序适用于任何需要考虑大应变和（或）断裂、破裂发展，以及颗粒流动的问题。在岩土体工程中可以用来研究结构开裂、堆石材料稳定、矿山崩落开采、边坡塌滑、梁与框架结构的动力破坏过程，以及梁板等累计损伤与断裂等传统数值方法难以解决的问题。

7.4.2 颗粒流程序的基本原理

7.4.2.1 基本假定

（1）将颗粒单元视为刚体。

（2）接触产生在很小的区域内，即点接触。

（3）接触行为为柔性接触，允许刚性颗粒在接触点产生"重叠"。

（4）"重叠"量的大小与接触力有关，与颗粒单元相比，"重叠"量较小。

（5）接触部位有连接约束。

（6）颗粒为圆形，颗粒间的聚集可形成其他形状或边界。

7.4.2.2 接触模型

PFC 通过颗粒与颗粒以及颗粒与墙体之间的接触点进行力的传递，描述接触点物理力学行为的模型如下。

A 接触模型

接触模型用来定义接触力和相对位移之间的关系，即通过法向刚度和切向刚度建立法向力、切向力与各自相对位移的受力关系。接触模型分为线性接触准则和简化的非线性接触准则，如图 7-3 所示。

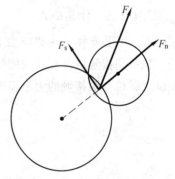

图 7-3 接触模型描述

假定接触变形仅在接触部位产生，则线性接触满足关系：

$$F_n = k_n U_n \qquad (7-56)$$
$$\Delta F_s = k_s \Delta U_s \qquad (7-57)$$

非线性接触描述力与位移之间的非线性关系，接触产生滑移的条件为：

$$F_s \leqslant \mu F_n \qquad (7-58)$$

B 滑移模型

滑移模型允许相互接触的单元之间产生滑移，直至最终分离，若单元之间没有建立连接，则单元之间可以产生拉应力。

如接触模型描述图所示，当作用于单元上的合力沿切向的分力达到最大允许剪切力时，就产生单元之间的滑移。

如果颗粒单元之间没有建立连接，则当颗粒单元之间的距离达到某一定值时，单元之间的拉应力会自动消失；当单元之间已经分离，但接触仍旧存在，这时的接触为"虚接触"，单元之间的作用力为零。

C　连接模型

连接模型描述颗粒单元与相邻单元通过连接来生成实体模型。连接分接触连接和并行连接两种情况，如图7-4所示。

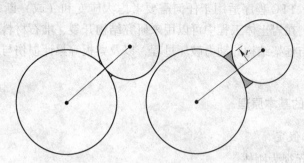

图7-4　连接模型描述

在接触连接情况下，颗粒单元之间可产生拉应力或剪应力，如果拉应力或剪应力超过允许的强度值，二者之间的连接就会断开；接触连接是点接触，因而没有抵抗力矩的功能。

并行连接可以将两个单元连接起来抵抗力与力矩的作用，因而，并行连接的两个单元之间可以传递拉应力或剪应力的作用，也可以传递力矩的作用。

7.4.2.3　计算公式

A　物理方程——力与位移关系

颗粒间接触以及颗粒与墙的接触通过力与位移的关系来表达。图7-5所示为颗粒间接触以及颗粒与墙接触的力学模型图。

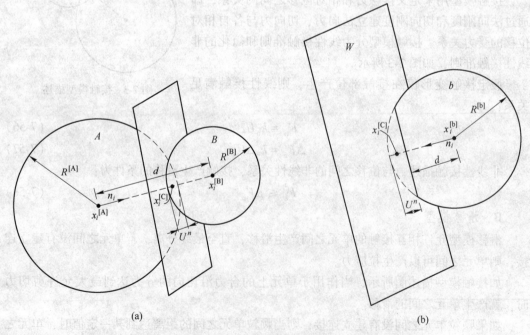

图7-5　颗粒间接触以及颗粒与墙接触的力学模型图
(a) 颗粒间接触；(b) 颗粒与墙接触

颗粒间接触平面的单位法向量 n_i 定义为：

$$n_i = \frac{x_i^{[B]} - x_i^{[A]}}{d} \tag{7-59}$$

式中　$x_i^{[A]}$，$x_i^{[B]}$——分别为颗粒 A 和 B 的质心连线位置向量；

　　　　d——颗粒质心之间的距离。

颗粒间以及颗粒与墙之间接触的重叠定义为：

$$U^n = \begin{cases} R^{[A]} + R^{[B]} - d & （颗粒间） \\ R^{[b]} - d & （颗粒与墙之间） \end{cases} \tag{7-60}$$

式中　U^n——重叠；

　　　　$R^{[\Phi]}$——颗粒 Φ 的半径。

接触点的位置矢量可由式（7-61）给出，即

$$x_i^{[C]} = \begin{cases} x_i^{[A]} + (R^{[A]} - \frac{1}{2}U^n)n_i & （颗粒间） \\ x_i^{[b]} + (R^{[b]} - \frac{1}{2}U^n)n_i & （颗粒与墙之间） \end{cases} \tag{7-61}$$

相对于接触平面，颗粒间以及颗粒与墙之间的接触力可以分解为法向和切向接触力分量：

$$F_i = F_i^n + F_i^s \tag{7-62}$$

式中　F_i——接触力矢量；

　　　　F_i^n——法向接触力矢量；

　　　　F_i^s——切向接触力矢量。

法向接触力矢量可用式（7-63）计算，即

$$F_i^n = K^n U^n \tag{7-63}$$

式中　K^n——法向刚度。

接触点的切向移动速度 v^s 可用式（7-64）计算，即

$$v^s = (\dot{x}_i^{[\Phi^2]} - \dot{x}_i^{[\Phi^1]})t_i - \omega_3^{[\Phi^2]}|x_k^{[C]} - x_k^{[\Phi^2]}| - \omega_3^{[\Phi^1]}|x_k^{[C]} - x_k^{[\Phi^1]}| \tag{7-64}$$

式中　v^s——接触点的切向移动速度；

　　　　$\dot{x}_i^{[\Phi^j]}$——计算对象 Φ^j 的平移速度；

　　　　$\omega_3^{[\Phi^j]}$——计算对象 Φ^j 的转动速度。

Φ^j 由式（7-65）给定：

$$\{\Phi^1, \Phi^2\} = \begin{cases} \{A, B\} & （颗粒之间接触） \\ \{b, W\} & （颗粒与墙接触） \end{cases} \tag{7-65}$$

$$t_i = \{-n_2, n_1\}。$$

接触点的切向位移增量为：

$$\Delta U^s = v^s \Delta t \tag{7-66}$$

式中　ΔU^s——接触点的位移增量；

　　　　Δt——时间步长。

接触点的切向力增量为：

$$\Delta F^s = - k^s \Delta U^s \tag{7-67}$$

式中 ΔF^s ——接触点的切向力增量;

k^s ——接触点的剪切刚度。

接触点新的切向力可由迭代计算给出，即

$$F^s \leftarrow F^s + \Delta F^s \leqslant \mu F^n \tag{7-68}$$

式中 F^s ——接触点新的切向力;

μ ——摩擦系数。

B 运动定律——牛顿运动定律

当颗粒的运动形式由作用其上的合力和合力矩决定时，可用单元内一点的平移运动和旋转运动来描述。

平移运动：

$$F_i = m(\ddot{x}_i - g_i) \tag{7-69}$$

式中 F_i ——合力;

g_i ——体力加速度矢量（例如重力载荷）;

$\ddot{x}_i$ ——加速度。

旋转运动：

$$M_i = \dot{H}_i \tag{7-70}$$

式中 M_i ——作用在颗粒上的合力矩;

$\dot{H}_i$ ——颗粒的角动量。

如果本地坐标系是沿着颗粒各惯性主轴方向，则可简化为欧拉运动方程：

$$\begin{aligned} M_1 &= I_1\dot{\omega}_1 + (I_3 - I_2)\omega_3\omega_2 \\ M_2 &= I_2\dot{\omega}_2 + (I_1 - I_3)\omega_1\omega_3 \\ M_3 &= I_3\dot{\omega}_3 + (I_2 - I_1)\omega_2\omega_1 \end{aligned} \tag{7-71}$$

式中 I_1, I_2, I_3 ——颗粒的主惯性矩;

$\dot{\omega}_1$, $\dot{\omega}_2$, $\dot{\omega}_3$ ——关于主轴的角加速度;

M_1, M_2, M_3 ——合力矩的分量。

对于圆盘颗粒，由于 $\omega_1 = \omega_2 \equiv 0$，则公式可以简化为：

$$M_3 = I\dot{\omega}_3 = (\beta m R^2)\dot{\omega}_3 \tag{7-72}$$

式中 m ——颗粒总质量;

R ——球体或圆盘颗粒的半径;

β ——颗粒形状系数，当颗粒为球体时 $\beta = 2/5$，当颗粒为圆盘时 $\beta = 1/2$。

$$\beta = \begin{cases} 2/5 & （球体颗粒） \\ 1/2 & （圆盘颗粒） \end{cases} \tag{7-73}$$

当时间步长为 Δt 时，颗粒在 t 时刻的平移和转动加速度为：

$$\left. \begin{aligned} \ddot{x}_i^t &= \frac{1}{\Delta t}(\dot{x}_i^{t+\Delta t/2} - \dot{x}_i^{t-\Delta t/2}) \\ \dot{\omega}_3^t &= \frac{1}{\Delta t}(\omega_3^{t+\Delta t/2} - \omega_3^{t-\Delta t/2}) \end{aligned} \right\} \tag{7-74}$$

将式 (7-74) 分别代入式 (7-69) 和式 (7-72)，得到：

$$\left.\begin{array}{l} \dot{x}_i^{t+\Delta t/2} = \dot{x}_i^{t-\Delta t/2} + \left(\dfrac{F_i^t}{m} + g_i\right)\Delta t \\[4mm] \omega_3^{t+\Delta t/2} = \omega_3^{t-\Delta t/2} + \dfrac{M_3^t}{I}\Delta t \end{array}\right\} \tag{7-75}$$

利用式 (7-76) 对颗粒的中心位置进行更新：

$$x_i^{t+\Delta t} = x_i^t + \dot{x}_i^{t-\Delta t/2}\Delta t \tag{7-76}$$

颗粒运动循环过程如下：

给定 $x_i^{t-\Delta t/2}$、$\omega_3^{t-\Delta t/2}$、x_i^t、F_i^t 以及 M_3^t 的值，利用式 (7-75) 获得 $\dot{x}_i^{t+\Delta t/2}$ 和 $\omega_3^{t+\Delta t/2}$ 的值，然后利用式 (7-76) 获得 $x_i^{t+\Delta t}$，在下一循环计算所需的 $F_i^{t+\Delta t}$ 和 $M_3^{t+\Delta t}$ 的值，由力与位移的关系获得。

C 流-固耦合计算

PFC 程序将计算范围内颗粒间的孔隙，视为被相邻流域导管连接起来的一系列圆形质点的网络集合。

当有流体通过时，导管相当于一个长为 L、开度为 a、平面外单位深度的平行板通道，则流量计算公式为：

$$q = ka^3\frac{P_2 - P_1}{L} \tag{7-77}$$

式中 k——传导系数；

P_2-P_1——两相邻域的压力差，正压力差，即流体由流域 2 流向流域 1。

(1) 当法向力为压力时，导管开度 a 满足：

$$a = \frac{a_0 F_0}{F + F_0} \tag{7-78}$$

式中 a_0——法向力为零时的残余开度；

F_0——实际法向力；

F——平行板开度减小为 $a_0/2$ 时的法向力。

(2) 当法向力为拉力时，导管开度 a 满足：

$$a = a_0 + mg \tag{7-79}$$

式中 m——放大系数；

g——两颗粒间的法向距离。

每一流域从周围导管汇入的流量为 $\sum q$，在一个时步 Δt 内，引起的流体压力增量为：

$$\Delta P = \frac{K_f}{V_d}\left(\sum q\Delta t - \Delta V_d\right) \tag{7-80}$$

式中 ΔP——流体压力增量；

K_f——流体体积模量；

V_d——计算流域的表观体积。

PFC 程序中的流-固耦合关系主要体现在如下三个方面：颗粒间接触的张开、闭合变化，将导致颗粒间接触力产生变化；流域的受力变化将引起流域压力产生变化；流域压力变化会对颗粒间接触产生牵引作用。

7.4.2.4　计算过程

在颗粒元计算中，交替应用物理方程和运动定律实现循环计算过程。由牛顿第二定律确定每个颗粒在接触力和自身力作用下的运动，由力与位移关系对接触点处的位移产生的接触力进行更新。

7.4.3　颗粒流程序建模方法

7.4.3.1　定义墙体

命令格式：Wall id n nodes x_1，y_1　x_2，y_2

上述命令产生一个以（x_1，y_1）和（x_2，y_2）为端点的线段表示墙体。多个线段顺次相连，可以形成各种形状。

注意：在 PFC 程序中，墙体坐标点顺次相连，有效域服从左侧原则。

（1）对内凹有效域，墙体需分次标识设置。

命令格式：

Wall id n_1 nodes x_1，y_1　x_2，y_2

Wall id n_2 nodes x_2，y_2　x_3，y_3

（2）对外凸有效域，墙体可一次标识设置，也可分次标识设置。

命令格式：

Wall id n nodes x_1，y_1　x_2，y_2　x_3，y_3

命令举例：

Wall id 1 nodes 5，−5　5，5

Wall id 2 nodes 5，5　−5，5

在 PFC 中执行上述命令后，产生如图 7-6 所示墙体和有效区域（坐标轴一侧）。

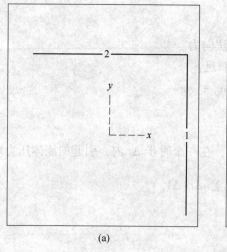
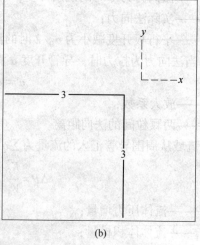

（a）　　　　　　　　　　　　　　（b）

图 7-6　Wall 命令产生墙体及有效域示意图

（a）逆时针方向；（b）顺时针方向

命令举例：

Wall id 3 nodes −2, 2   2, 2   2, −2

在 PFC 中执行上述命令后，产生如图 7-6 所示墙体和有效区域（坐标轴一侧）。

7.4.3.2 颗粒生成

（1）命令格式：Ball rad v id x, y

上述命令产生一个半径为 v 的颗粒：标识号为 n，形心坐标为（x, y）。

命令举例：

Ball rad 0.50 id 1 x= −5, y= −5

Ball rad 0.75 id 2 x= 5, y= −5

Ball rad 1.00 id 3 x= 5, y= 5

Ball rad 1.25 id 4 x= −5, y= 5

执行上述命令后，产生如图 7-7 所示颗粒及其位置。

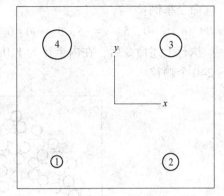

图 7-7   Ball 命令产生颗粒及其位置示意图

（2）命令格式：Gen id 1, n x = x_1, x_2 y = y_1, y_2 rad = r_1, r_2

上述命令产生 n 个半径从 r_1 到 r_2 的颗粒，生成颗粒范围：$x = x_1$, x_2；$y = y_1$, y_2。

命令举例：

Gen id 1, 50   x=−5, 5   y=−5, 5   rad 0.25 0.75

执行上述命令后，在限定区域内产生如图 7-8 所示的 50 个颗粒。

由图 7-7 和图 7-8 可知，Ball 命令产生的颗粒半径及其位置是固定的，而 Gen 命令产生的颗粒半径及其位置呈随机分布状态。

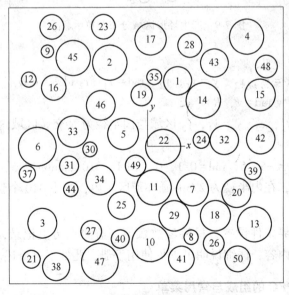

图 7-8   Gen 命令产生颗粒及其位置示意图

7.4.3.3 复杂形状

（1）环形区域

命令格式：Gen x = x_1, x_2 y = y_1, y_2 rad = r_1, r_2 id 1, n &

annulus center x, y　rad = r, R

上述命令在 $x = x_1$, x_2 ; $y = y_1$, y_2 区域与圆环（内半径为 r ，外半径为 R）交叉区域内，产生 n 个颗粒。

命令举例：

Gen　x = 0, 5　y = −5, 5　rad = 0.1, 0.1 id 1, 240 annulus 2.5, 0 1, 2.5

执行上述命令后，在内半径为 1.0m，外半径为 2.5m 环形区域内，产生如图 7-9 所示的 240 个颗粒。

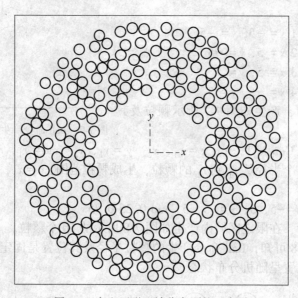

图 7-9　产生环形区域分布颗粒示意图

（2）圆形区域

命令格式：Gen x = x_1 , x_2 　y = y_1 , y_2 　rad = r_1 , r_2 id 1, n &

annulus center x, y rad = r, R

上述命令在 $x = x_1$, x_2 ; $y = y_1$, y_2 区域与圆半径为 R 交叉区域内，产生 n 个颗粒。

命令举例：

Gen　x = 0, 5　y = −5, 5　rad = 0.1, 0.1 id 1, 310 annulus 2.5, 0 0, 2.5

执行上述命令后，在内半径为 2.5m 圆环形区域内，产生 310 个颗粒。

7.4.3.4　其他

PFC 程序中的边界条件设置、材料参数赋值、监测点历史记录，以及计算结果显示与输出等相关命令及内容，详细说明可参见使用手册，此处不再赘述。

7.4.4　颗粒流程序 PFC 的组成与常用菜单

7.4.4.1　PFC 的组成

PFC 目前已经发展了多个版本，尽管各个版本的组成与命令不完全相同，但一些常用的命令、工具基本上是一样的。本部分仅以 V3.1 版本为基础，对 PFC2D/PFC3D 的组成、工具和命令进行介绍，其他版本可参照 V3.1 版本。

A 文件组成

PFC3D 的安装目录下有多个文件，其中最主要的文件是一个可执行文件 PFC3D. EXE 和两个动态链接库（带有 . DLL 扩展名的文件）。可执行文件为 PFC3D 的运行文件，一个动态链接库与大量图像格式链接，另一个动态链接库对应于 PFC3D 中内置的接触和黏结模型。采用动态链接库的 PFC 组成结构具有较多的优点，主要有：

（1）用户可以根据处理问题的需要，采用 Microsoft Visual C++语言自定义单元接触类型，并编辑成 DLL 文件，以供软件调用。

（2）方便计算模块的更新。

（3）有助于节省内存、共享资源。

此外，用户还可以为 PFC 选择其他模块，ITASCA 提供了 4 个模块供用户选择，分别是温度分析模块、流体分析模块、并行计算模块和本构自定义模块。

B 界面组成

安装完成的 PFC2D，运行后的主窗口由标题栏、菜单栏、命令栏和显示区等组成，如图 7-10 所示。

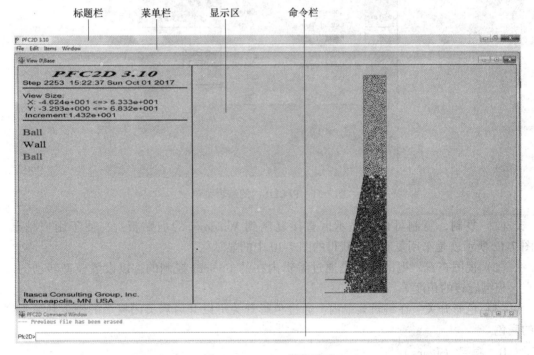

图 7-10 PFC2D 操作界面

（1）标题栏（Title Bar）。标题栏显示了正在运行的 PFC 版本。

（2）菜单栏（Menu Bar）。菜单栏包含了所有当前可用的菜单，通过对菜单的操作可对显示区内的模型进行保存、视图等操作。

（3）显示区（View Region）。显示区显示目前模型的状态，它分为左右两部分。左边部分显示的是模型显示的时间、模型坐标轴转动的中心和角度、单元和墙的颜色等。右边部分显示的是软件正在处理的模型，包括单元的分布、单元之间作用力、墙的分布、墙与单元之间作用力等。模型的显示可以通过菜单栏调整视图显示比例、显示角度、单元颜色、显示图的背景颜色等，还可以通过菜单栏选择显示或隐藏模型的单元、墙、单元之间的接触、单元间作用力、单元与墙间作用力等。

（4）命令栏（Command Window）。创建离散元模型，对已建立的模型进行荷载作用、添加或删除单元、添加或删除墙、计算过程中力学指标的监测、力学指标的显示等，都可以通过命令栏内输入的命令加以控制。当然，对于大量命令的输入，为了节省时间、方便操作，通常情况下一般不通过命令栏，而是事先把需要执行的命令编写成 txt 或 dat 格式的命令流，通过菜单栏 File 内的 Call 进行读取或直接采用 Call 命令读取。

7.4.4.2   PFC 的常用菜单

A   编辑（Edit）

在显示区激活的情况下，可以采用编辑菜单对显示区的模型进行编辑操作，主要功能有：复制、视图查看、变更色彩、输出设置和其他，如图 7-11 所示。

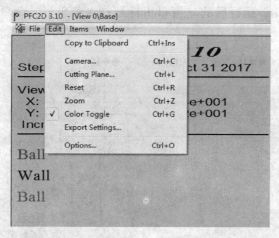

图 7-11   PFC2D 内的编辑菜单

（1）复制。复制可以把显示区直接复制到 Windows 的剪贴板上，便于用户粘贴。图 7-12 所示就是采用复制功能获得的图 7-10 中的显示区。

（2）视图查看。视图查看是通过编辑内在的 Camera 控制的，以设置模型转动的原点、模型旋转的角度等。

（3）色彩开关。在编辑菜单内，通过色彩开关可以开启和关闭模型的颜色和显示区的底色。

B   项目（Items）

在显示区激活状态下，显示区模型内的单元、坐标轴、墙、接触点、黏结、接触力等项目都可以通过项目菜单进行设置，如图 7-13 所示。通过这个菜单可以在模型内显示和清除上述项目及其识别号，也可以修改各个项目的颜色、轮廓等。

7.4.5   颗粒流程序 PFC 的常用命令

上文已经讲述了颗粒流程序 PFC 的组成、界面、常用菜单及其功能，可以看出，PFC的主界面十分简洁，对话框很少，大部分菜单都是为调整模型显示而设置的。其主要原因

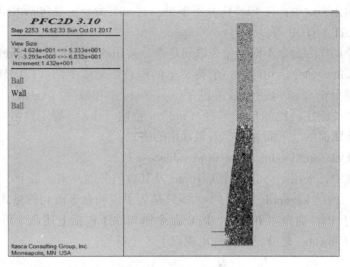

图 7-12 显示区图像

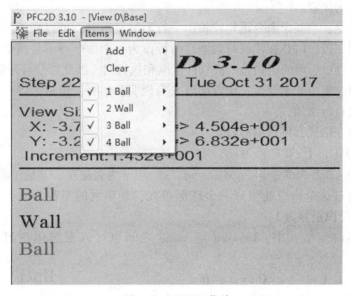

图 7-13 显示区菜单

是，PFC 的大部分操作，尤其是分析模型的建立、参数的赋值、运算过程的监控等，都是通过 PFC 的命令加以实施的。可以说，命令是 PFC 建模和运算的核心。

PFC 的命令很多，大体可以分为 5 种类型，即程序控制类命令、模型参数类命令、监控类命令、功用类命令和特殊命令。下面首先讲述 PFC 命令的编写规则，然后结合实例对上述 5 类命令的功能、命令执行的要点逐一进行介绍。由于 PFC2D 和 PFC3D 绝大多数命令非常类似，甚至相同，本书仅介绍 PFC2D/PFC3D V3.1 版本涉及的各类命令。

7.4.5.1 命令的编写规则

PFC 命令通常表现为两种形式：一种直接以命令词作为整个命令；另一种是以命令语句形式体现命令。无论是哪种形式，在编写命令流时，一个命令一般都单独成一行。单独以一个命令词作为命令，在 PFC 内并不多见，这一类命令主要包括 RETURN、PAUSE、CONTINUE、QUIT、STOP 等。

与单独命令词作为命令不同，命令语句是命令常用的形式，绝大部分命令都是以语句的形式体现出来的。命令语句的第一个英文单词都必须是命令词（COMMAND），除了命令词之外，大部分命令语句还包括关键字（keyword）和数字（value），其中关键字为 PFC 内定的一些关键字，比如单元半径（rad）、密度（den）等，数字一般在关键字之后，是给关键字赋值的。下面为命令语句常用的格式：

COMMAND <keyword value> <keyword value>…

在上述形式中，采用< >把多个 keyword 及其数值分隔开来，每个< >内的 value 分别赋值给该< >内的 keyword。这里的< >只是为了说明命令语句的格式，人为添加的，< >并不能用于 PFC 命令。事实上，PFC 命令语句除了包括上述命令语句形式的 COMMAND、keyword 和 value 之外，只允许出现以下 5 个符号：

(　)　　，　　＝　　'　　&

另外，PFC 软件给出了命令词库和关键字库，所有的命令词和关键字必须来自词库和字库．不能人为规定。

需要说明的是，当某个命令语句较长，一行不够显示时，可以在该行的最后添加 &，之后接着编写第二行，PFC 在读取时会把这两行作为一个命令而不是两个命令加以读取。在 PFC 内分号（;）后面的语句是不被软件读取和执行的，因此以分号开头的描述性的语句常被用于对命令流中某个变量、函数加以人为说明和解释，用户可以根据自己的习惯、命令编写的含义自行添加。

按照上述命令格式，可以编写：

ball radius 0.1 id 1 x 0 y 0 z 0

这个命令中，Ball 为命令词，radius、id、x、y、z 为关键字，其后的数值被分别赋予上述关键字。通过这个命令能生成一个球形单元，其单元的半径为 0.1m，球心坐标为 (0, 0, 0)，身份识别号为 1。

另外，上述命令格式中，keyword 与 value 之间也可以根据用户习惯添加等于号 (＝)，如：

ball radius ＝0.1 id＝1 x＝0 y＝0 z＝0

此命令也能在 (0, 0, 0) 位置生成半径为 0.1m、识别号为 1 的球单元。

7.4.5.2 程序控制类命令

程序控制类命令，主要用于控制 PFC 执行命令的过程。这类命令主要包括：

(1) CYCLE。程序运行命令，其后面紧跟数字，表示程序运行的时步数量。

(2) STEP 的含义与 CYCLE 相同。

(3) SOLVE。该命令与 CYCLE 的功能类似，只是它会使程序持续运算，直到模型达到某种状态。通常 SOLVE 命令词后面会紧跟关键字 average＝$value$ 或 maximum＝$value$。

(4) CALL。这个命令是 PFC 常用的命令之一，其功能是调用以 .txt 或 .dat 为后缀的命令流文件。通常采用 PFC 处理某个问题，需要建立模型、设定参数、运算控制、结果显示等多个过程。这些过程需要大量的命令加以控制，如果每个命令都在 PFC 的主界面逐一输入的话，需要消耗大量的时间和精力。为了解决这个问题，PFC 提供了 CALL 命令，用户可以把需要输入的命令，编写成命令流，并保存为 . txt 或 . dat 后缀的文件，然后通过 CALL 直接读取命令流文件。

（5）RETURN。运算从命令流模式返回到主界面的交互式模式。

（6）CONTINUE。继续读取和执行命令，该命令一般出现在 PAUSE 的后面。

（7）PAUSE。当采用 CALL 调用命令流文件时，程序开始读取并执行文件内的命令，如命令内遇到 PAUSE，程序则暂停执行后面的命令。

（8）NEW。清除前面运算的痕迹以开始新的运算。通常在运用 PFC 处理一个新的问题前，会采用这个命令。

（9）PARALLEL。用来控制并行运算。

（10）QUIT。退出当前正在运行的程序，与 STOP 功能类似。

（11）SAVE。保存当前运算的状态，PFC 可以通过 SAVE 命令把当前运算的状态完整保存，包括模型、参数、当前运算的时步、运算中监测的数据等。

（12）RESTORE。调用曾经保存的运算状态。

（13）SET。设置全局变量。

（14）THERMAL。设置温度分析条件。

（15）TITLE。设置处理问题的文件名。

（16）UCODE。表示对用户采用 C++语言自定义的代码进行注册。

7.4.5.3 模型参数类命令

A 模型建立类命令

模型参数类命令，主要用于创建任务的分析模型，修改模型的参数。其中，创建模型的命令词主要有以下几种：

（1）BALL。创建一个球单元。其格式为：

ball rad a id n x, y

由此命令产生一个半径为 a 的单元，其标识号为 n，形心坐标为（x，y）。

（2）CLUMP。创建一个球单元簇，或者修改已经存在球单元簇的参数。PFC 内的单元簇可以被看成一个不规则刚体，只在边界处有变形，PFC 运算时把它看成一个整体，而不考虑单元簇内部各单元之间的接触力和位移。

（3）DELETE。删除球、墙、球单元簇和处理任务时监测的过程数据。

（4）GENERATE。创建一组球单元。运用此命令时，通过添加关键字，使一组球单元的半径满足一定的分布，如高斯分布、均匀分布。

尽管 BALL 和 GENERATE 命令都可以用于颗粒单元的生成，但 BALL 命令产生的颗粒半径及其位置都是人为固定的，且每次运用 BALL 命令只能生成一个单元；而 GENERATE 命令产生的颗粒半径及其位置呈随机分布，且每个 GENERATE 命令能生成一组单元。此外，GENERATE 命令还可以规定颗粒生成的范围为圆形、环形等。

（5）JSET。用于创建一个或一组接触面。

（6）WALL。创建一个墙，或者对已经存在的墙修改或设定其参数，如法向、切向接触刚度、墙移动速率等。

B 单元参数类命令

除了上述创建模型的命令词之外，在模型参数类命令中还包括修改单元参数的命令，主要有：

（1）FIX。锁定单元移动速率。

（2）FREE。解除移动或转动锁定的命令。

（3）MODEL。对给定范围内的接触设置用户自定义的接触模型。此命令格式为 model load *filename*。

（4）PROPERTY。此命令为 PFC 最常用的命令之一，它可以对球单元、接触黏结和平行黏结的下列参数进行设置。

1）球单元：对颜色、密度、摩擦系数、接触刚度、泊松比、半径等进行参数设置，可以对单元施加力、转动的力矩等。

2）接触黏结：法向和切向黏结强度。

3）平行黏结：法向和切向刚度、法向和切向黏结强度、黏结半径。

（5）CHANGE 和 INITIALIZE 与 PROPERTY 的功能类似。

7.4.5.4　监控类命令

采用 PFC 处理问题时，通常需要采集相关的过程数据，监控类命令主要用于监控模型的响应，此类命令包括：

（1）HISTORY。用于采集计算过程中定义的各项指标。在默认情况下，PFC 每 10 个计算时步采集一次数据，当然也可以对采集的间隔做修改，set hist rep＝n 命令就可以把采集的间隔设为 n 个时步。

（2）MEASURE。创建一个测量圈，用于测量圈内的空隙率、应力、应变率等。

（3）PLOT。显示图形的命令，这里的图形可以是单元、墙等，也可以是计算过程中定义的变量和指标的关系曲线。

（4）PRINT。在主界面的命令栏内显示相关信息。

（5）TRACE。运算过程中采集模型的能量或功，在 PFC 默认条件下，不进行此项采集，若用户需要可以通过 TRACE energy on 打开此项功能，并由 HISTORY energy 记录能量或功。

PFC 把能量分为六个部分分别计算：

（1）体能。模型内所有单元体能的累加。

（2）黏结能。所有平行黏结处应变能的累计。

（3）边界能。模型中，作为边界的墙所做的功。

（4）摩擦能。由于摩擦滑动耗散的能量。

（5）名义能。所有单元的名义能累计。

（6）应变能。所有接触处应变能。

7.4.5.5　功用类命令

PFC 内的功用类命令为用户在处理任务时提供了强大的定义功能，包括定义 fish 函数、定义处理对象的范围等。这类命令主要包括下列命令词：

（1）DEFINE。定义一个 FISH 函数，此命令一般与 end 配套使用。

（2）GROUP。此命令用于把若干个球单元（在某一范围内）划分为具有同一名称的集合。

（3）MACRO。此命令定义一个总体量，这个总体量可以直接用于命令的关键字。通过这个命令可以有效地减少命令流的编写量，方便用户。

（4）RANGE。用于定义单元的范围，并给这个范围命名。

7.4.5.6 特殊计算模式

PFC 中特殊计算有三个，它们是 cppudm、cppuwc 和 thermal，这三类计算可以在计算的任何阶段通过 CONFIG 激活。

（1）cppudm。用户采用 C++语言自定义的接触模型，若需要调用这个接触模型，需要 CONFIG 加以激活。

（2）cppuwc。用户采用 C++编写的命令流。

（3）thermal。温度分析。

7.4.6 放矿过程模拟应用实例

本节是使用 FISH 函数的一个例子。首先建立矿房模型，再向其内填充顶部废石、正面废石和矿石模拟颗粒，进而对放矿过程进行模拟，最后统计和分析不同条件下放矿过程中废石混入的情况。以下为部分程序。

7.4.6.1 建立模型

A 正面废石的孔隙度函数

```
def get_ porosityfw
  sum = 0. 0
  bp = ball_ head
  loop while bp # null
    if b_ id ( bp ) >= 1 then
      sum = sum + pi * b_ rad ( bp ) ^ 2. 0
    endif
    bp = b_ next ( bp )
  end_ loop
  pmeas = 1. 0 - sum / tot_ vol
end
```

B 生成正面废石函数

```
def frontwaste
  tot_ vol = 210. 0
  mult = 1. 6
  n0 = 1. 0 - (1. 0 - poros) / mult ^ 2. 0;
  r0 = ( tot_ vol * ( 1. 0 - n0 ) / ( pi * ( num - 1 + 1 ) ) ) ^ ( 1. 0 / 2. 0 )
  rlo = r0
  rhi = rlo
  command
    gen id = 1 , num rad = rlo , rhi x = 6 , 13 y = 35 , 65 no_ shadow tries 1000000
    prop dens = 2600 ks = 10e9 kn = 10e9 fric = 0. 3 range id = 1
  end_ command
  get_ porosityfw
```

```
  mult = sqrt ( ( 1. 0 - poros ) / ( 1. 0 - pmeas ) )
  command
    ini rad mul mult range id = 1 , num
  end_ command
end
```

C　顶部废石的孔隙度函数

```
def get_ porositytw
  sum = 0. 0
  bp = ball_ head
  loop while bp # null
    if b_ id ( bp ) >= 643 then
      sum = sum + pi * b_ rad ( bp ) ^ 2. 0
    endif
    bp = b_ next ( bp )
  end_ loop
  pmeas = 1. 0 - sum / tot_ vol
end
```

D　生成顶部废石函数

```
def topwaste
  tot_ vol = 259. 0
  mult = 1. 6
  n0 = 1. 0 - (1. 0 - poros) / mult ^ 2. 0
  r0 = ( tot_ vol * ( 1. 0 - n0 ) / ( pi * ( num - 643 + 1 ) ) ) ^ ( 1. 0 / 2. 0 )
  rlo = r0
  rhi = rlo
  command
    gen id = 643 , num rad = rlo , rhi x = 2. 2 , 13 y = 0 , 35 no_ shadow tries 1000000
    prop dens = 2600 ks = 10e9 kn = 10e9 fric = 0. 3 range id = 643 , num
  end_ command
  get_ porositytw
  mult = sqrt ( ( 1. 0 - poros ) / ( 1. 0 - pmeas ) )
  command
    ini rad mul mult range id = 643 , num
  end_ command
end
```

E　正面矿石的孔隙度函数

```
def get_ porosityore
  sum = 0. 0
  bp = ball_ head
  loop while bp # null
    if b_ id ( bp ) >= 100001 then
      sum = sum + pi * b_ rad ( bp ) ^ 2. 0
```

```
      endif
      bp = b_ next ( bp )
   end_ loop
   pmeas = 1. 0 - sum ／ tot_ vol
end
```

F　生成正面矿石函数

```
def cavedore
   tot_ vol = 103. 0
   mult = 1. 6
   n0 = 1. 0 - ( 1. 0 - poros ) ／ mult ^ 2. 0
   r0 = ( tot_ vol * ( 1. 0 - n0 ) ／ ( pi * ( num - 100001 + 1 ) ) ) ^ ( 1. 0 ／ 2. 0 )
   rlo = r0
   rhi = rlo
   command
      gen id = 100001 , num rad = rlo , rhi x = 0 , 9 y = 0 , 35 no_ shadow tries 1000000
      prop dens = 3400 ks = 10e9 kn = 10e9 fric = 0. 3 range id = 100001 , num
   end_ command
   get_ porosityore
   mult = sqrt ( ( 1. 0 - poros ) ／ ( 1. 0 - pmeas ) )
   command
      ini rad mul mult range id = 100001 , num
   end_ command
end
```

G　主程序调用

```
set poros＝0. 4 num＝642
frontwaste
wall id 1 ks 1e9 kn 1e9 fric 0. 3 nodes 9 , 35 2. 2 , 0
set poros＝0. 4 num＝1434
topwaste
delete wall 1
wall id 2 ks 1e9 kn 1e9 fric 0. 3 nodes 2. 2 , 0 9 , 35
wall id 4 ks 1e9 kn 1e9 fric 0. 3 nodes 6 , 35 0 , 4
set poros = 0. 4 num = 100494
cavedore
delete wall 2
wall id 3 ks 1e9 kn 1e9 fric 0. 3 nodes 6 , 65 6 , 35
wall id 5 ks 1e9 kn 1e9 fric 0. 3 nodes 0 , 4 - 6 , 4
wall id 6 ks 1e9 kn 1e9 fric 0. 3 nodes- 6 , 0 13 , 0
wall id 7 ks 1e9 kn 1e9 fric 0. 3 nodes 13 , 0 13 , 65
wall id 8 ks 1e9 kn 1e9 fric 0. 3 nodes 13 , 65 6 , 65
plot add ball
plot add wall black
```

```
plot show
solve av = 0. 0001 max = 0. 0001
delete balls range x - 1000 , 0
delete balls range x 13 , 1000
delete balls range y- 1000 , 0
delete balls range y 65 , 1000
save dor_ assemble. SAV
```

7.4.6.2　标记球体颜色

A　标记正面废石球体颜色

```
es dot_ assemble. sav
def frontwaste_ out
  bp = ball_ head
  loop while bp # null
    if b_ x ( bp ) > 2. 2
      if b_ x ( bp ) < 9
        if b_ y ( bp ) < 5. 15 * b_ x ( bp ) - 11. 35
          ii = b_ id ( bp )
          command
            group frontwasteout range id ii ii
          end_ command
        end_ if
      end_ if
    end_ if
    bp = b_ next ( bp )
  end_ loop
  bp = ball_ head
  loop while bp # null
    if b_ x ( bp ) > 9
      if b_ x ( bp ) < 13
        if b_ y ( bp ) < 35
          ii = b_ id ( bp )
          command
            group frontwasteout range id ii ii
          end_ command
        end_ if
      end_ if
    end_ if
    bp = b_ next ( bp )
  end_ loop
end
frontwaste_ out
plot add ball red range group frontwasteout
save dot_ markfw. SAV
```

B 标记顶部废石球体颜色

```
res dot_ markfw. sav
def topwaste_ out
  bp = ball_ head
  loop while bp # null
  if b_ x ( bp ) > 6
    if b_ x ( bp ) < 13
      if b_ y ( bp ) < 65
        if b_ y ( bp ) > 35
          ii = b_ id ( bp )
          command
            group topwasteout range id ii ii
          end_ command
        end_ if
      end_ if
    end_ if
  end_ if
  bp = b_ next ( bp )
  end_ loop
end
topwaste_ out
plot add ball green range group topwasteout
sav dot_ marktw. SAV
```

7.4.6.3 放矿过程

A 读取模型

```
res dot_ marktw. sav
set grav 0 -9. 81
```

B 删除球体函数

```
def delete_ woball
  bp = ball_ head
  num_ waste = 0
  num_ ore = 0
  loop while bp # null
    next = b_ next ( bp )
    if b_ x ( bp ) < 0. 5
      if b_ id ( bp ) < 100000 then
        waste_ num = waste_ num + 1. 0
      else
        nk = nk + 1. 0
      end_ if
      ii = b_ delete ( bp )
    end_ if
```

```
      bp = next
    end_ loop
    rto_ wo = ( num_ waste * 1.0 ) / ( num_ ore + 0.0001 )
    ii = out ( 'The ratio of number of waste to number of ore: ' + string ( rto_ wo ) )
    tot_ ore = num_ ore * 113.9351
    ii = out ( 'The weight of ore at this stage: ' + string ( tot_ ore ) + ' kg ' )
    tot_ waste = num_ waste * 170.1696
    ii = out ( 'The weight of waste at this stage: ' + string ( tot_ waste ) + ' kg ' )
  end
```

C　放矿函数

```
def drawore
  loop while rto_ wo< 1.32
    command
      cyc 10000
      delete_ woball
      save dot_ draw.SAV
      set plot jpg
      plot hardcopy file drawore1.jpg
    end_ command
  end_ loop
end
```

D　调用放矿函数和数据统计

调用 drawore 函数可模拟放矿过程。在放矿过程中，放出的矿石颗粒将被记录。放矿结束后，通过这些颗粒的初始位置即可获得放出体的形态。

7.5　现场实验研究法

现场实验研究的目的，是验证物理模拟实验和数学模拟实验的结果，取得物理模拟和数学模拟需要的原始资料，以及直接研究崩落矿岩的运动规律和优选方案。只有通过现场实验验证之后，才能将各种模拟实验得到的结果用于生产。因此现场实验是放矿研究中非常重要的一种方法。

现场实验包括现场松散崩落矿岩物理力学性质实验及现场放矿实验。物理力学性质实验已在第一章中讲述。本章只讲现场放矿实验。它的内容包括放出体形状及其影响因素、放矿过程中矿石损失和贫化指标的变化。

放出体形状及其参数的实验方法有两种：直接实验法和间接实验法。直接实验法由标志颗粒直接圈出放出体形状。间接实验法由放出矿量和已知放矿层的高度计算放出体参数。

7.5.1　放出体直接实验法

将标志颗粒按空间坐标装入预先凿好的标志颗粒孔中。矿石爆破后，在放矿过程中回收标志颗粒，同时记录放矿量。根据回收标志颗粒原来安装空间位置，圈定放出体的形状；根据相应放出矿石量校核放出体体积，同时测定矿石损失和贫化指标的变化。实验步骤如下。

7.5.1.1 实验设计

A 选择实验地点

实验地点应有代表性，对生产影响不大且工作方便；挤压爆破区前端应有足够厚度的崩落岩石，这个厚度应大于崩矿厚度的 2 倍以上。

B 确定崩矿步距

崩矿步距按稍大于实验最大放出椭球体的厚度设计。放出椭球体厚度由模型实验及矿山实际资料估计。应尽可能得到完整的放出体形状而又不过多损失矿石。一般取大于放出椭球体厚度的 15%~20%。

C 确定标志颗粒孔排数及排位

根据崩矿步距及圈定放出体的要求，设计标志颗粒孔排数及排位。由于现用凿岩设备和验收炮孔装置精度不够，即使严格按设计施工，炮孔方位的偏差也常达 1° 以上。在 10m 左右低分段无底柱分段崩落法中，标志孔排距取 0.3~0.5m，对 30m 以上高端壁放矿实验，排距增大至 0.8~1.0m。根据实验要求可选用不等排距。

标志孔自前端壁按排距向后排列。最后一排距爆破排位常小于正常排距，这样可以在放出体最大断面处得到更准确的数据。一般在爆破排位的后面再布置一排标志孔，测定爆破后冲带矿量。

D 标志孔布置

各排标志孔根据估计的放出体形状布置；各排炮孔自前端壁至爆破孔位逐排加密。端壁放矿时，放出体切面愈靠近前端壁愈小，标志孔数也相应减少。放出椭球体长短轴附近标志孔应密一些，以便较精确地控制放出体参数。标志孔要控制到估计的放出体边界以外。

E 标志颗粒在空间的布置

放矿时由于种种原因，有一些标志颗粒将回收不到，因此标志颗粒在孔中要尽量布置的密一些。放出体流轴附近和放出体轮廓线部分的标志颗粒应在孔中连续布置。标志孔靠近巷道部分和前端壁放出体下面回收不到的部分，可不放置标志颗粒。

F 标志颗粒结构及编号

根据现场实验经验，以 200~300mm 长的塑料管和橡胶管做标志颗粒，爆破崩矿后于装矿过程中在爆堆上直接检取的方法是成功的。在爆堆上检到的标志颗粒占放出体颗粒总数的 60% 左右，可以满足圈定放出体的要求。

用矿山旧风水胶管截断做标志颗粒，制作简便，费用节约，比较合适。如无旧风水管，可用软塑料管，管内衬以木棍。为了装填方便，标志颗粒最大直径应小于炮孔直径 10~15mm，最小直径应大于炮孔半径 10~15mm。两个标志颗粒内用铁丝固定一个号码牌。号码牌用马口铁打印号码做成。为了防止标志颗粒自孔内滑落或移动位置，应在标志颗粒上装 2~4 个逆止爪。为了检取方便，胶管外可刷上醒目的油漆。根据现场条件，也可选用其他废旧材料，如废钢绳等，做标志颗粒。标志颗粒的编号，在一次实验中不应有重复。为便于施工，颗粒表面应标有与号码牌同样的号码。

7.5.1.2　实验施工

A　凿标志孔

标志孔应严格按设计施工。施工前在巷道两侧标好炮孔排位线，以及台车中心线，使凿岩台车（或台架）定位准确。每个炮孔开门前都应精确测量角度。

B　验收标志孔

标志孔应严格验收，记录实际孔口坐标位置、炮孔角度及深度以及标志孔偏斜度。根据验收资料做各排标志孔实测图；根据标志孔实测图；做装填标志颗粒施工图。

C　装标志颗粒

根据设计向各孔内装标志颗粒。施工前按装填先后顺序，堆放标志颗粒，由专人分发。分组装填时，每组都应有专人记录和分发。每次装填 3~5 个标志颗粒，过多易发生卡塞事故。每次装填的最后一个标志颗粒应是带逆止爪的，以便将标粒固定在设计位置。在标志颗粒不连续的孔内，标志颗粒之间装入木棍或竹竿。逐个记录标志颗粒号及其所在排位、孔号及深度，然后将记录的数据填写到标志孔实测图上。放矿完毕后用这个带标志颗粒号码的实测图圈定放出体形状。每一标志孔装填完毕后，用炮泥将孔口堵塞，以免标志颗粒发生移动或掉落。

D　爆破

进行一次现场实验要耗费大量人力物力，如爆破出了故障，将影响实验正常进行。实验前的几个步距要保证爆破质量。实验的一个步距一定要爆破好，不发生悬顶、立槽，且矿石破碎良好。为此就要十分注意爆破施工质量。炸药单耗应适当增加，但不宜过大，防止发生过挤压。装药前应对使用的炸药进行质量检验。

7.5.1.3　放矿实验

爆破后进行放矿实验工作。工作内容包括检取标志颗粒，登录标志号码，记录放矿量，测量记录放出矿石块度组成，取样分析放出矿石品位等。

检取标志颗粒要跟班作业，并与装矿工人密切配合，以尽量提高标志颗粒回收量。根据爆破步距崩矿量多少，规定记录单位。一般是 5~10 车（铲）做一记录单位，将这一段期间放出的标志颗粒作为一组，按检取顺序记录其号码。在记录车（铲）数的同时，目估并记录其装满系数。在实验过程中抽样对矿车内矿石称重以计算矿量。同时对称重的矿石取样分析金属品位及测量湿度，以求得到金属品位和湿度变化与矿石容重的关系。

在放矿过程中定间隔（10~20 车或铲）测定矿石块度组成。用抽样筛分、摄影测定和目估测定相结合的方法进行测定。

筛分法可得到可靠的资料，但不宜大量进行。此外在装运过程中要进行二次破碎，它将影响筛分结果。而在回采工作面直接进行筛分几乎是不可能的。筛分法只能作为校验摄影法和目测法结果的一种措施。放矿过程中，矿石经常是一股股地脉动流出。一股矿石刚流出时，大块滚动的远且在表面，细碎块则留在近处和下部。摄影测定大块时，除按一定间隔进行测定外，在一股矿石流出前后亦应进行测定。不合格大块数及其尺寸应一并记录。与测定块度同时按一定车数取矿样分析品位，作为矿石品位变化和矿石损失贫化关系的原始资料。

放矿过程中还应记录矿石放出和卡漏情况，以便分析放出体圈定工作中出现的异常现象。

7.5.1.4　整理资料

整理资料的主要工作是圈定放出体。圈定放出体时，首先按一定矿量，一般是 50~100t，把标志颗粒划分成组，以不同颜色标在标志颗粒孔实测断面图上。因为放出体表面颗粒同时到达放出口，指的是在一个时间间隔内同时自放进口流出。初步划分的组不一定正好包括一个完整的放出体表面。仔细研究放出体发育过程后重新将标志颗粒分组，标在断面图上。这样反复校对，即可圈定出不同高度的放出体体形。

另一种圈定放出体的方法，是首先确定要圈定放出体的高度，找到代表该高度的标志颗粒，以这些标志颗粒为界划分放出矿量，并将这些矿量中回收的标志颗粒用色笔标在断面图上。然后仔细研究调整，去掉异常标志颗粒，使放出体表面平滑，并据此重新划分矿量。按重新划分的矿量，再将标志颗粒标在图上。这样反复核对圈定，最后将各高度的放出体体形圈定。

矿石贫化开始后，放出体高度可能已大于放矿层高度，伸入废石中去。根据废石混入体积可以推算贫化后高度大于放矿层高度的放出体参数。

在标志孔断面图上圈定的放出体，是未崩落原矿体的体形。如果将它转换成松散矿岩体形，需要知道矿石爆破后向前和向侧边的推移距离，主要是向前推移距离。因为测定爆破推移距离的方法尚不完善，还不能得到准确数字。目前决定放出体体形有两种方法：一是按整体矿石圈定放出体，假定每次爆破的推移距都是近似的，这样就可根据整体矿石的放出体形直接确定采矿法参数。二是根据经验估计推移距离，按推移后松散矿岩圈定放出体体形。一般对块状矿石，推移距离可近似取为爆破步距（崩矿步距）的 20%。两种方法都不够完善。这个问题只有在解决了推移距离测定问题之后，才能最后解决。

利用放出矿石量校核放出体体积时，放出矿石量要按崩落后矿石容重转换成放出体体积。矿石爆破后由于向前推移和填充巷道空间使体积胀大。按整体圈定放出体和按推移后松散矿石圈定放出体的容重，可分别按式（7-81）、式（7-82）计算：

$$\gamma_1 = \frac{Q_p \gamma_z}{Q_p + Q_g} \tag{7-81}$$

$$\gamma_2 = \frac{Q_p \gamma_z}{Q_p + Q_g + Q_a} \tag{7-82}$$

式中　γ_1——按整体矿石圈定放出体的矿石容重，t/m^3；

γ_2——按推移后松散矿石圈定放出体的矿石容重，t/m^3；

Q_p——整体崩矿矿石体积，m^3；

Q_g——回采巷道容纳崩落矿石的体积，m^3；

Q_a——崩矿推移胀大的体积，m^3；

γ_z——整体矿石容重，t/m^3。

几个高度的放出体体形测得后，可以根据外推和内插法计算不同高度的放出体参数。将现场放矿实验的原始资料整理后可得下列资料：

（1）不同高度放出体形状及其参数；

（2）放矿过程中块度组成变化及平均块度组成；

（3）放矿过程中放出矿石量与放出矿石品位以及矿石损失和贫化指标的关系曲线；

（4）装运设备的生产能力写实资料；

（5）矿石流动及卡漏情况的资料。

7.5.2　放出体间接实验法

通过物理模拟实验和现场实验，都已确认放出体体形近似旋转椭球体，并推导出以放矿层高度表示的放出体体积公式。只有一个上部废石接触面时，贫化刚一开始就是放出体高度正好等于放矿层高度的时刻。记下贫化前放出矿石量 Q_f 和放矿层高度 h。将它们代入公式

$$Q_f = \frac{\pi}{6}h^3(1 - \varepsilon^2) + \frac{\pi}{2}r^2h \tag{7-83}$$

即可求得偏心率 ε 值。如放矿层相当高，略去后一项，代入公式

$$Q_f = \frac{2}{3}\pi b^3h \tag{7-84}$$

即可求得短半轴 b。在放矿层不同高度放置标志物，根据它放出时的放出矿量和所在位置高度，可求得该高度的 ε 或 b 值。

这种方法简便易行，但要经过多次实验始可得到接近实际的放出体参数值。计算中要注意按崩落矿块内的崩落矿石容重换算放出体积 Q_f。实验记录测定的内容与直接法同。经过整理可得同样的各种资料。

目前现场实验存在的问题是各种测定方法都没有很好解决。今后要研究解决推移距离测定问题、崩落矿岩松散系数测定问题、块度组成快速而准确的测定问题、矿石品位快速分析及爆堆取样问题、标志孔精确定位及验收测量方法问题等。

─────── 本 章 小 结 ───────

（1）物理模拟实验中，重力放矿实验应用最广泛。（2）物理模拟实验采用的相似条件是放出体参数几何相似、采矿法结构参数几何相似和松散材料内摩擦角相等或粒级组成近似，并注意边界条件和起始条件的相似；（3）影响放出体参数的松散材料物理力学性质，主要是内摩擦角、松散系数、粒级组成。有粉矿和湿度。（4）物理模拟实验时，应进行重复实验和不同几何模拟比的检验性实验，校验相似条件和消除误差。（5）数学模型需采用标准化条件，因此应注意它的应用范围。数学模型计算结果与实验室或现场实验相符时，才能用于实际。（6）数值模拟实验方法简便迅速，有利于实现自动控制和使矿山现代化。（7）现场实验工作量大，组织工作复杂，应与物理模拟和数学模拟法很好配合，尽量取得更完满的效果。

┌─────────────┐
│ 习题与思考题 │
└─────────────┘

7-1　简述物理模拟实验的相似条件，并按已知现场条件设计一个重力放矿实验模型。

7-2 物理模拟放矿实验还存在哪些问题？试述进一步研究改进的方向。

7-3 试述将模型实验结果转换为现场指标的方法。

7-4 说明数值模拟放矿实验的原理。

7-5 如何布置现场放矿实验中标志孔和标志颗粒？

7-6 现场放矿实验还有哪些问题要研究解决？

参 考 文 献

[1] 王昌汉. 放矿学 [M]. 北京：冶金工业出版社，1982.

[2] 吴爱祥. 散体动力学理论及其应用 [M]. 北京：冶金工业出版社，2002.

[3] Wu Aixiang, Sun Yezhi. Granular dynamic theory and its applications [M]. Beijin：Metallurgical Industry Press，2007.

[4] 刘兴国. 放矿理论基础 [M]. 北京：冶金工业出版社，1995.

[5] 王运敏. 现代采矿手册 [M]. 北京：冶金工业出版社，2012.

[6] 于润仓. 采矿工程师手册 [M]. 北京：冶金工业出版社，2009.

[7] 任凤玉. 随机介质放矿理论及其应用 [M]. 北京：冶金工业出版社，1994.

[8] 陈俊，张东，黄晓明. 离散元颗粒流软件（PFC）在道路工程中的应用 [M]. 北京：人民交通出版社股份有限公司，2015.

[9] 王金安. 岩土工程数值计算方法实用教程 [M]. 北京：科学出版社，2010.

[10] 王青，任凤玉. 采矿学 [M]. 北京：冶金工业出版社，2013.

[11] 采矿设计手册编写委员会. 采矿设计手册 [M]. 北京：中国建筑工业出版社，1988.

[12] 采矿手册编委会. 采矿手册 [M]. 北京：冶金工业出版社，1990.

[13] 蔡美峰. 岩石力学与工程 [M]. 北京：科学出版社，2002.

[14] 陈小伟. 端部放矿放出体形态变化规律研究 [D]. 北京：北京科技大学土木与资源工程学院，2009.

[15] 张永达. 覆岩下放矿废石混入规律及控制方法的试验研究 [D]. 北京：北京科技大学土木与资源工程学院，2015.

[16] 赵文. 岩石力学 [M]. 长沙：中南大学出版社，2014.

[17] 李夕兵. 凿岩爆破工程 [M]. 长沙：中南大学出版社，2011.

[18] 王运敏. 中国采矿设备手册 [M]. 北京：科学技术出版社，2007.

[19] 古德生，李夕兵，等. 现代金属矿床开采科学技术 [M]. 北京：冶金工业出版社，2006.

[20] 解世俊. 金属矿床地下开采 [M]. 北京：冶金工业出版社，1990.

[21] 王进强，明建. 矿山运输与提升 [M]. 北京：冶金工业出版社，2015.

[22] 周楚良. 矿山压力实测技术 [M]. 徐州：中国矿业大学出版社，1988.

[23] 蔡美峰. 地应力测量原理和技术 [M]. 北京：科学出版社，2000.

[24] Itasca. PFC2D Version 3.0 User&#8217；s Manual. Itasca Consulting Group Inc.，Minneapolis，USA，2002.

[25] Itasca. PFC3D Version 3.1 User&#8217；s Manual. Itasca Consulting Group Inc.，Minneapolis，USA，2004.